"十三五"普通高等教育本科规划教材

机械设计实验教程
（第二版）

编著 万殿茂 谷晓妹 邓 昱 陈修龙

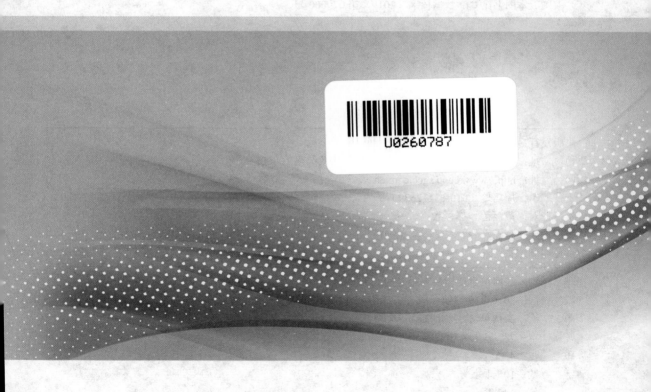

U0260787

中国电力出版社
CHINA ELECTRIC POWER PRESS

内 容 提 要

本书为"十三五"普通高等教育本科规划教材。全书共五个实验内容，包括机械零件认识、带传动的滑动与效率测定、液体动压滑动轴承性能、轴系结构分析与设计、减速器拆装与结构分析，并在书后附有实验报告。

本书可作为高等学校机械类专业、近机械类专业机械设计课程的实验教程，也可供高职高专院校师生和相关技术人员参考使用。

图书在版编目（CIP）数据

机械设计实验教程/万殿茂等编著．—2 版．—北京：中国电力出版社，2019.12

"十三五"普通高等教育本科规划教材

ISBN 978-7-5198-3112-7

Ⅰ．①机… Ⅱ．①万… Ⅲ．①机械设计－实验－高等学校－教材 Ⅳ．①TH122-33

中国版本图书馆 CIP 数据核字（2019）第 079000 号

出版发行：中国电力出版社

地　　　址：北京市东城区北京站西街 19 号（邮政编码 100005）

网　　　址：http://www.cepp.sgcc.com.cn

责任编辑：周巧玲（010-63412539）

责任校对：黄　蓓　郝军燕

装帧设计：赵姗姗

责任印制：吴　迪

印　　　刷：三河市百盛印装有限公司

版　　　次：2016 年 9 月第一版　　2019 年 12 月第二版

印　　　次：2019 年 12 月北京第三次印刷

开　　　本：787 毫米×1092 毫米　16 开本

印　　　张：4.75

字　　　数：105 千字

定　　　价：14.00 元

前　　言

　　机械设计是机械类、近机械类各专业的技术基础课程，其实验教学在这门课程中起着十分重要的作用。实验课程是有效地学习和掌握科学技术与研究科学理论和方法的途径，通过实验操作技能训练，可扩大知识面，增强实际操作能力、创新设计能力，以及观察、思考、提问、分析和解决问题的能力，提高学生对机械技术工作的适应性，培养其开发创新能力的作用。

　　全书共五个实验内容，包括机械零件认识、带传动的滑动与效率测定、液体动压滑动轴承性能、轴系结构分析与设计、减速器拆装与结构分析。其中有认识性、验证性、设计创新性和综合性实验：认识和验证性实验能使学生进一步加深理论知识内容的理解；设计创新性实验能使学生的分析能力和设计创新能力步入一个新的台阶；综合性实验能使学生由单一性向综合性转变，拓宽知识面。

　　本书由山东科技大学万殿茂、谷晓妹、邓昱、陈修龙编著。

　　在本书的编写过程中，山东科技大学王全为教授提出了很多宝贵意见和建议，在此表示感谢。

　　鉴于编者水平所限，书中难免有不足之处，恳请广大读者批评指正。

编　者

2019.10

实　验　须　知

（1）进入实验室做实验，要自觉遵守实验室制定的规章制度，并接受指导教师的指导。

（2）使用实验仪器设备时，要严格遵守操作规程，与本次实验无关的仪器设备不得乱动。

（3）实验室内应保持安静有序，并维护室内清洁。

（4）实验中，若损坏仪器设备、桌椅板凳等，应立即向指导教师报告，以便处理。

（5）对不遵守操作规程又不听劝告者，实验管理人员有权令其停止实验；对违章操作造成事故者，要追究责任。

（6）实验室一切物品（如仪器、模型、工具、量具等）不得带离实验室，违者除退回物品外，还要进行批评教育，丢失要赔偿。

（7）实验完毕必须把电源插头拔下。仪器设备、工具、量具、模型等整理好，经教师允许后方可离开实验室。

（8）学生要求重做实验，或做规定外的实验，应预先报告指导教师，征得同意后方可进行实验，以免发生事故。

目　　录

前言

实验须知

实验 1　机械零件认识 ·· 1

　　1.1　实验目的 ·· 1

　　1.2　实验设备 ·· 1

　　1.3　实验内容 ·· 1

实验 2　带传动的滑动与效率测定 ·· 26

　　2.1　实验目的 ·· 26

　　2.2　工作原理及测试方法 ·· 26

　　2.3　实验机主要技术参数 ·· 28

　　2.4　实验步骤 ·· 29

　　2.5　思考题 ·· 31

实验 3　液体动压滑动轴承性能 ··· 32

　　3.1　实验目的 ·· 32

　　3.2　实验机的结构形式与工作原理 ·· 32

　　3.3　液体动压滑动轴承实验台技术要求 ······································ 33

　　3.4　主要实验量的测量方法 ··· 34

　　3.5　实验步骤 ·· 34

　　3.6　与计算机接口的操作方法 ·· 35

　　3.7　数据处理 ·· 38

　　3.8　思考题 ·· 39

实验 4　轴系结构分析与设计 ·· 40

　　4.1　实验目的 ·· 40

　　4.2　实验要求 ·· 40

　　4.3　实验设备及工具 ·· 40

　　4.4　设计方案选择及部分装配图 ··· 43

　　4.5　实验步骤 ·· 46

　　4.6　注意事项 ·· 47

　　4.7　思考题 ·· 47

实验 5　减速器拆装与结构分析 ··· 48

　　5.1　概述 ·· 48

5.2 实验目的 ··· 51

5.3 实验设备和用具 ····································· 51

5.4 实验步骤 ··· 51

5.5 思考题 ··· 52

机械设计实验报告 ··· 53

实验1 机械零件认识实验报告 ················· 55

实验2 带传动的滑动与效率测定实验报告 ····· 58

实验3 液体动压滑动轴承性能实验报告 ········· 60

实验4 轴系结构分析与设计实验报告 ············· 62

实验5 减速器拆装与结构分析实验报告 ········· 63

参考文献 ··· 65

实验 1　机 械 零 件 认 识

1.1　实 验 目 的

通过观看机械设计陈列柜，了解通用机械零件、部件的基本结构、功能和机械设计常用结构的基本形式，以及典型零部件的失效形式，建立对机械零部件的感性认识，了解机械传动的特点及应用，为机械设计课程的学习和机器的设计与创新打下良好的基础。

1.2　实 验 设 备

机械设计陈列柜一套。

1.3　实 验 内 容

机械设计陈列柜

1.3.1　螺纹

1. 螺纹的类型和应用（见图 1-1）

螺纹分为外螺纹和内螺纹。

按螺纹的螺旋线旋向不同，螺纹分为左旋螺纹和右旋螺纹，其中，右旋螺纹最为常用。

按螺旋线头数的不同，螺纹分为单头螺纹、双头螺纹和多头螺纹。

按用途不同，螺纹分为两种：①起连接作用的螺纹，称为连接螺纹；②起传动作用的螺纹，称为传动螺纹。

按照螺纹的标准，螺纹又分为米制（螺距以毫米表示）和英制（螺距以每英寸牙数表示）。

常用螺纹的主要类型有以下几种：

（1）普通螺纹：螺纹的牙型为等边三角形，牙型角 $\alpha = 60°$。

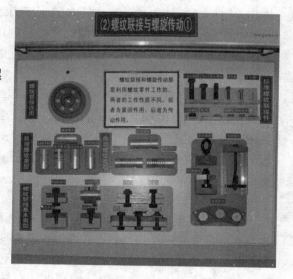

图 1-1　螺纹的类型和应用

（2）管螺纹：可分为非螺纹密封的管螺纹和螺纹密封的管螺纹，牙型为等腰三角形，牙型角 $\alpha = 55°$，牙顶有较大的圆角。

（3）矩形螺纹：牙型为矩形，牙型角 $\alpha = 0°$。

（4）梯形螺纹：牙型为等腰梯形，牙型角 $\alpha = 30°$。

（5）锯齿形螺纹：牙型为不等腰梯形，工作面的牙侧角为 3°，非工作面的牙侧角为 30°。

前两种螺纹主要用于连接，后三种螺纹主要用于传动。

2．螺纹的基本参数

（1）螺纹直径：螺纹大径 d、螺纹中径 d_2、螺纹小径 d_1。

（2）线数 n：螺纹的螺旋线数目。

（3）螺距 P：螺纹相邻两个牙型上对应点之间的轴向距离。

（4）导程 S：螺纹上任一点沿同一条螺旋线转一周所移动的轴向距离。

（5）螺纹升角 ψ：螺旋线的切线与垂直于螺纹轴线的平面间的夹角。

（6）螺纹牙型角 α：螺纹轴向截面内，螺纹牙型两侧边的夹角。

（7）接触高度 h：内、外螺纹旋合后的接触面的径向高度。

3．螺纹连接的基本类型

（1）螺栓连接。普通螺栓连接，被连接件上的通孔和螺栓杆间留有间隙，通孔的加工精度低，结构简单，拆装方便，使用时不受被连接件材料的限制，应用极为广泛。铰制孔螺栓连接，能精确固定被连接件的相对位置，并能承受较大的横向载荷，但孔的加工精度要求较高。

（2）双头螺柱连接。双头螺柱连接适用于结构上不能采用螺栓连接的场合，例如被连接件之一太厚不宜制成通孔，材料比较软（如用铝镁合金制造的箱体），且需要经常拆装时，往往采用双头螺柱连接。

（3）螺钉连接。螺钉连接是将螺钉直接拧入被连接件的螺纹孔中，不使用螺母，在结构上比双头螺柱连接简单、紧凑。其用途和双头螺柱连接相似，但如果经常拆装，易使螺纹孔磨损，可能导致被连接件报废，多用于受力不大或不需要经常拆装的场合。

（4）紧定螺钉连接。紧定螺钉连接是利用拧入零件螺纹孔中的螺钉末端顶住另一零件的表面或顶入相应的凹坑中，以固定两个零件的相对位置，并可传递不大的力或转矩。

4．标准螺纹连接件

常见螺纹连接件有螺栓、双头螺栓、螺钉、紧定螺钉、螺母、垫圈等。

根据 GB/T 3103.1—2002 的规定，螺纹连接件分为 3 个精度等级，代号为 A、B、C 级。其中，A 级的精度最高，用于要求配合精确、防止振动等主要零件的连接；B 级多用于受载较大且经常拆装、调整或承受变载荷的连接；C 级精度多用于一般的螺纹连接。常用的标准螺纹连接件通常选用 C 级精度。

5．螺纹连接的防松

在冲击、振动或变载荷的作用下，螺旋副间的摩擦力可能减小或瞬时消失。这种现象多次重复后，就会使连接松脱。在高温或温度变化较大的情况下，由于螺纹连接件和被连接件的材料发生蠕变和应力松弛，也会使连接中的预紧力和摩擦力逐渐减小，最终导致连接失效。

防松的根本问题在于防止螺旋副相对转动。按其工作原理不同，防松的方法分为以下几种：

（1）摩擦防松：①对顶螺母，防松结构简单，适用于平稳、低速和重载的固定装置上的连接；②弹簧垫圈，结构简单、使用方便，但由于垫圈的弹力不均，在冲击、振动的工作条件下，其防松效果较差，一般用于不重要的连接；③自锁螺母，结构简单，防松可靠，可多次拆装而不降低防松性能。

（2）机械防松：①开口销与六角开槽螺母，适用于较大冲击、振动的高速机械中运动部件的连接；②止动垫圈，结构简单，使用方便，防松可靠；③串联钢丝，适用于螺钉组连接，防松可靠，但拆装不便。

（3）永久防松：①铆合，防松方法可靠，但拆卸后不能重复使用；②冲点，防松方法可靠，但拆卸后也不能再次使用；③涂胶黏剂，具有简便易行、经济适用等特点。

6. 螺栓连接的失效形式与设计准则

（1）失效形式：对于受拉螺栓，主要是螺栓杆螺纹部分发生断裂；对于受剪螺栓，主要是螺栓杆和孔壁相接触的表面被压溃或螺栓杆被剪断。

（2）设计准则：对于受拉螺栓，其设计准则是保证螺栓的静力或疲劳拉伸强度；对于受剪螺栓，其设计准则是保证连接的挤压强度和螺栓的剪切强度，其中连接的挤压强度对于连接的可靠性起决定性作用。

7. 螺旋传动（见图1-2）

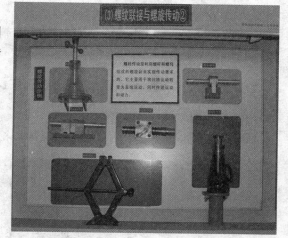

螺旋传动是利用螺杆和螺母组成的螺旋副来实现传动要求的。它主要用于将回转运动转变为直线运动，同时传递运动和动力。

螺旋传动的特点：传动比和传力比大；传动平稳、精度高；可实现自锁；普通滑动螺旋传动效率低、易磨损，低速时存在爬行现象。

按其用途不同，螺旋传动分为以下几种：

（1）传力螺旋：以传递动力为主，要求以较小的转矩产生较大的轴向推力，用以克服工作阻力，如螺旋千斤顶。

图1-2　螺旋传动

（2）传导螺旋：以传递运动为主，有时也承受较大的轴向载荷，如机床进给机构的丝杆。

（3）调整螺旋：用于调整并固定零件或部件间的相对位置，如机床、仪器及测试装置中微调机构的螺旋。

按其摩擦性质不同，螺旋传动又分为以下几种：

（1）滑动螺旋（滑动摩擦）：结构简单，加工方便，易于自锁，但摩擦阻力大、传动效率低（通常为30%～40%）、磨损快、传动精度低等。主要应用于螺旋千斤顶、螺旋压力机的传力螺旋，金属切削机床的进给、分度机构的传动螺旋，螺旋测微仪等。

（2）滚动螺旋（滚动摩擦）：传动效率高，起动力矩小，传动灵敏平稳，工作寿命长，但结构复杂、制造成本高、刚性及抗振性能较差。主要应用于机床、汽车、航空、航天、武器等制造业。

（3）静压螺旋（液体摩擦）：摩擦阻力小，传动效率高达99%，工作寿命长，但结构复杂、制造成本高，需要一套压力稳定、温度恒定和能精细过滤的供油系统。主要用于精密机床、分度机构等。

螺旋传动的主要失效形式包括：螺纹牙磨损；螺杆断裂；螺纹牙折断，细长受压螺杆还有可能失去稳定性。

8. 思考题

（1）连接螺纹有哪些类型？其特点是什么？适用于什么场合？

（2）将承受轴向载荷的连接螺栓光杆部分做得细一些有什么好处？

（3）什么是受压螺杆的稳定性？

（4）相同公称直径的细牙螺纹和粗牙螺纹有何区别？

（5）单头螺纹和多头螺纹有何区别？各用于什么场合？

（6）螺纹连接预紧的目的是什么？

（7）什么是松连接？什么是紧连接？试举例说明。

（8）螺纹连接防松的目的是什么？螺纹连接的防松方法，按工作原理可分为哪几类？

（9）垫圈的作用是什么？

（10）螺旋传动按用途不同可分为哪几种？特点是什么？

（11）滑动螺旋的失效形式是什么？

（12）螺旋传动按其螺旋副的摩擦性质不同可分为哪几种？特点是什么？各适用于什么场合？

1.3.2 键、花键、销和无键连接（见图 1-3）

1. 键连接

键是一种标准零件，通常用来实现轴与轮毂之间的周向固定，并将转矩从轴传递到毂或从毂传递到轴，有的还能实现轴上零件的轴向固定或轴向滑动。键可分为四大类。

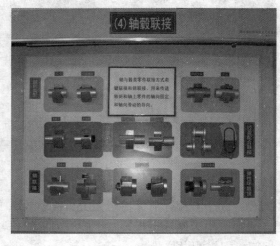

图 1-3　轴毂连接

（1）平键。键的两侧面是工作面，工作时，依靠键同键槽侧面的挤压来传递转矩。其特点是：结构简单，拆装方便，对中性较好。这种键连接不能承受轴向力，因而对轴上的零件不能起到轴向固定的作用。

根据用途不同，平键分为以下四种：

1）普通平键。按构造可分为圆头、平头和单圆头，常用于轴端与毂类零件的连接。

2）薄型平键。薄型平键的高度为普通平键的 60%～79%，也分为圆头、平头和单圆头三种形式，但传递转矩的能力较低，常用于薄壁结构、空心轴及一些径向尺寸受限制的场合。

3）导向平键。一种较长的平键，用螺钉固定在轴上的键槽中，为拆卸方便，键上有起键螺纹孔，键与轴上的键槽是间隙配合，适用于轴上的零件沿轴向移动不大的场合。

4）滑键。滑键能使轴上的零件滑移较长的距离，滑键固定在轮毂上，轮毂带动滑键在轴上的键槽中做轴向移动。

前两种用于静连接，失效形式为工作面被压溃；后两种用于动连接，失效形式为工作面磨损。

（2）半圆键。工作时，靠其侧面来传递转矩。优点：工艺性较好，装配方便，尤其适用于锥形轴与轮毂的连接。缺点：轴上键槽较深，对轴的强度削弱较大，故一般只用于轻载连接。半圆键只用于静连接，主要失效形式为工作面被压溃。

（3）楔键。楔键分为普通楔键、钩头楔键，普通楔键又分为圆头、方头、单头。楔键的上、下两面是工作面，键的上表面和与之相配合的轮毂键槽底面均具有 1:100 的斜度。楔键工作时，靠键的楔紧作用来传递转矩，同时还可承受单向的轴向载荷。楔键连接适用于对零件的定心精度要求不高和转速较低的场合。主要失效形式为工作面被压溃。

（4）切向键。切向键是由一对斜度为 1:100 的楔键组成。切向键的工作面是两键沿斜面拼合后相互平行的两个窄面。工作时，靠工作面上的挤压力和轴与轮毂键的摩擦力来传递转矩。常用于直径大于 100mm、低速且重载定心要求不高的场合。主要失效形式为工作面被压溃。

2. 花键连接

由于结构形式和制造工艺的不同，与平键相比，花键在强度、工艺和使用上有以下优点：①因为在轴上与毂孔上直接而匀称地制出较多的齿与槽，故连接受力较为均匀；②因槽较浅，齿根处应力集中较小，对轴与毂的强度削弱较小；③齿数较多，总接触面积大，因而可承受较大的载荷；④轴上零件与轴的对中性好（这对高速及精密机器很重要）；⑤导向性较好（这对动连接很重要）；⑥可用研磨的方法提高加工精度及连接质量。

缺点：齿根仍有应力集中；有时需用专门设备加工，制造成本较高。

花键连接适用于定心精度要求高、载荷大或经常滑移的连接。

花键按其齿形分为矩形花键和渐开线花键。

（1）矩形花键。矩形花键的定心方式为小径定心，即外花键和内花键的小径为配合面。其特点是定心精度高，定心的稳定性好，能用磨削的方法消除热处理引起的变形。广泛用于航空发动机、汽车、燃气轮机、机床、工程机械、农业机械、一般机械传动装置等。

（2）渐开线花键。渐开线花键的定心方式为齿形定心。渐开线花键制造精度高，花键齿的根部强度高，应力集中小，易于定心。适用于载荷较大，定心精度要求较高及尺寸较大的连接。广泛用于航空发动机、燃气轮机、汽车等。

3. 无键连接

凡是不用键或花键实现的轴毂连接，统称为无键连接。常见的有过盈配合连接、型面连接和弹性环（胀紧）连接。

（1）过盈配合连接。过盈配合连接是利用零件间的相互配合过盈来达到连接的目的。特点：结构简单，对中性好，承载能力大，耐冲击性好，对轴削弱小，但配合面加工精度要求高，拆装不便。过盈配合连接主要用于轴与毂的连接、轮圈与轮芯的连接、滚动轴承与轴或座孔的连接等。

过盈配合连接的装配方法有两种：①压入法，利用压力机将被包容件直接压入包容件中；②胀缩法（温差法），一般是利用电加热，冷却则多采用液态空气（沸点为 -194℃）或固态二氧化碳（又名干冰，沸点为 -79℃）。

过盈配合连接，可采用液压拆卸，即在配合面间注入高压油，以涨大包容件的内径，缩小被包容件的外径，从而使连接便于拆卸，并减小配合面的擦伤。但这种方法需在包容件和被包容件上制出油孔和油槽。

（2）型面连接。型面连接是利用非圆截面的轴与相应的毂孔构成的连接。特点：拆装方便，能保证良好的对中性；没有应力集中源，承载能力大；但加工较复杂，特别是为了保证配合精度，最后工序一般均要在专用机床上进行磨削加工。型面连接常用的型面曲线有摆线、等距曲线两种。型面连接也可采用方形、正六边形、带切口的圆形等截面形状。

（3）弹性环（胀紧）连接。弹性环（胀紧）连接在轴毂之间装入一对或数对胀紧套，在轴向力的作用下，同时胀紧轴与毂而构成的连接。特点：拆装方便，定心性好，应力集中较小，承载能力高，并且有保护功能，但应用时受结构尺寸限制。

4. 销连接

（1）按主要功能不同，销主要分为以下几种：

1）定位销。定位销主要用来固定零件之间的相对位置。

2）连接销。连接销用于轴与毂的连接或其他零件的连接，并可传递不大的载荷。

3）安全销。安全销作为安全装置中的过载剪断元件。

（2）按外形不同，销主要分为以下几种：

1）圆柱销。圆柱销是利用过盈配合固定在销孔中，经多次拆卸会降低其定位精度和可靠性。

2）圆锥销。圆锥销具有 1:50 的锥度，在受横向力时可以自锁。安装方便、定位精度高，可多次拆卸而不影响定位精度。端部带螺纹的圆锥销，可用于盲孔或拆卸困难的场合。开尾圆锥销，装入销孔后，尾端可稍微张开以防止松脱，适用于受冲击、振动的场合。

3）槽销。槽销用弹簧钢制造并经碾压或模锻而成，其外表面有三条纵向沟槽，将槽销打入销孔后，由于材料的弹性使销挤紧在销孔中，不易松脱，因而能承受振动和变载荷。安装槽销的孔不需要铰制，加工方便，可多次拆装。

4）开口销。装配后，将开口销的尾部分开，以防止脱落。开口销除与销轴配用外，还常用于螺纹连接的防松装置中。

5）销轴。销轴用于两零件的铰接处，构成铰链连接，销轴通常用开口销锁定，工作可靠，拆卸方便。

5. 思考题

（1）键、销的作用是什么？

（2）为什么采用两个平键时，一般布置在沿轴向相隔 180°的位置；采用两个楔键时，相隔 90°～120°；而采用两个半圆键时，却布置在轴的同一母线上？

（3）两个平键布置的最佳角度是多少？

（4）键连接是如何分类的？有什么特点？

（5）普通平键连接的主要失效形式及设计准则是什么？

（6）键连接的作用是什么？

（7）矩形花键有哪些定心方式？外径定心和内径定心各用在哪些场合？

（8）什么是无键连接？无键连接有哪些类型？

（9）过盈连接有什么特点？过盈连接的装配方法有哪些？

（10）什么是型面连接？型面连接的特点是什么？

（11）什么是弹性环（胀紧）连接？弹性环（胀紧）连接的特点是什么？

（12）销连接是如何分类的？各有哪些特点？

1.3.3　铆接、焊接和胶接（不可拆连接）（见图 1-4）

1. 铆接

铆接主要是由连接件、铆钉和被连接件所组成，有的还有辅助连接件，这些基本元件在构造物上所形成的连接部分统称为铆接缝（简称铆缝）。铆接为不可拆连接。

　　铆缝的结构形式很多，按接头可分为搭接缝、单盖板对接缝和双盖板对接缝。按铆钉排数可分为单排、双排和多排。

　　按性能的不同，铆缝可分为以下几种：①强固铆缝，以强度为基本要求的铆缝；②强密铆缝，不但要求具有足够的强度，而且要求保证良好的紧密性的铆缝；③紧密铆缝，仅以紧密性为要求的铆缝。

　　铆接具有工艺设备简单、抗振、耐冲击、牢固可靠等优点。缺点：结构一般较为笨重，被连接件上所制的铆孔会削弱被连接件的强度；铆接时噪声很大，影响工人健康。

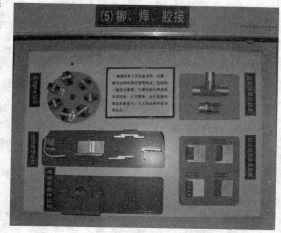

图 1-4　铆、焊、胶接

　　2. 焊接

　　焊接的方法很多，机械制造中常用的是熔融焊。熔融焊可分为电焊、气焊、电渣焊等。其中，电焊又分为以下几种：

　　（1）电阻焊。电阻焊是利用大的低压电流通过被焊件时，在电阻最大的接头处（被焊接部位）引起强烈发热，使金属局部熔化，同时机械加压而形成的连接。

　　（2）电弧焊。电弧焊是利用电焊机的低压电流，通过电焊条（为一个电极）与被焊件（为另一电极）间形成的电路，在两极间引起电弧来熔融被焊接部分的金属和焊条，使熔融的金属混合并填充接缝而形成的。

　　焊接时形成的接缝称为焊缝。焊缝可分为对接焊缝、填角焊缝和塞焊缝。对接焊缝用于连接位于同一平面内的被焊件，填角焊缝用于连接不同平面内的被焊件，塞焊缝应用在受力较小和避免增大质量的场合。

　　与铆接相比，焊接具有强度高、工艺简单、质量小、工人劳动条件好等优点。

　　3. 胶接

　　胶接是利用胶黏剂在一定条件下把预制的元件连接在一起，并具有一定的连接强度。胶接在机床、汽车、拖拉机、造船、化工、仪表、航空等工业领域得到广泛的应用。

　　胶黏剂的品种繁多，按使用目的可分为结构胶黏剂、非结构胶黏剂和其他胶黏剂。

　　胶黏剂的主要性能包括：胶接强度（耐热性、耐介质性、耐老化性），固化条件（温度、压力、保持时间），工艺性能（涂布性、流动性、有效存期）及其他特殊性能（如防锈等）。

　　胶接的基本工艺过程有胶接件胶接表面的制备、胶黏剂配制、涂胶、清理、固化、质量检验。

　　胶接接头的设计要点如下：

　　（1）针对胶接件的工作要求正确选择胶黏剂。

　　（2）合理选定接头形式。

　　（3）恰当选取工艺参数。

　　（4）充分利用胶缝的承载特性，尽可能使胶缝承受剪切或拉伸载荷，而避免承受扯离，特别是对剥离载荷，不宜采用胶接接头。

（5）从结构上适当采取防止脱离的措施，例如，加装紧固元件，在边缘采用卷边和加大胶接面积等，以防止从边缘或拐角处脱缝。

（6）尽量减小胶缝处的应力集中，例如，将胶缝处的板材端部切成斜角，或把胶黏剂和胶接剂材料的膨胀系数选得很接近等。

（7）当有较大的冲击、振动时，应在胶接面间增加玻璃布层等缓冲减振材料。

优点：重量轻，变形小，应力分布较均匀，耐疲劳，耐蜕变性能好，应用范围较广，施工简便，生产成本低，能满足工作上的特殊要求。

缺点：大多数胶黏剂的稳定性较差，工作温度过高时，胶接强度会减弱，并且耐酸、碱性能较差不稳定。

4. 思考题

（1）铆接由哪些连接件组成？特点是什么？

（2）铆缝的结构形式很多，按接头可分为哪几类？按性能又可分为哪几类？

（3）焊接是如何分类的？有何特点？

（4）什么是焊缝？如何分类？

（5）焊缝的破坏形式是什么？焊缝的强度是如何计算的？

（6）焊接为什么要打坡口？如何消除焊接过程中产生的残余应力？

（7）什么是胶接？常用的胶黏剂有哪些？

（8）胶接的基本工艺过程是什么？

（9）与铆接、焊接相比胶接具有哪些优缺点？

（10）胶接接头的设计要点有哪些？

1.3.4 带传动

带传动是一种挠性传动。带传动的基本组成零件为带轮（主动轮和从动轮）和传动带。带传动具有结构简单、传动平稳、价格低廉、缓冲吸振等特点。

按照工作原理的不同，带传动分为摩擦型和啮合型，见图 1-5。

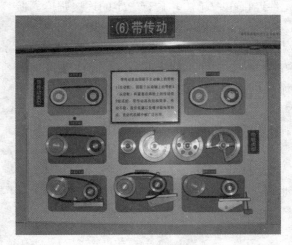

图 1-5　带传动

1. 摩擦型带传动

在带传动中，常用的有平带传动和 V 带传动。

（1）带的类型与结构。常用的平带有橡胶布带、缝合棉布带、棉织带、毛织带等数种。

V 带有普通 V 带、窄 V 带、宽 V 带、接头 V 带等近十种。普通 V 带的结构主要有两类：①帘布芯结构，主要由伸张层（胶料）、强力层（胶帘布）、压缩层（胶料）和包布层（胶帆布）组成；②绳芯结构，主要由伸张层（胶料）、强力层（胶线绳）、压缩层（胶料）和包布层（胶帆布）组成。

（2）带传动的特点。

1）结构简单，成本低，加工和维护方便。

2）适用于两轴中心距较大的传动（可达 15m）。

3）带具有良好的弹性，能缓冲吸振，因而传动平稳，无噪声。

4）过载时带与带轮间会出现打滑，可防止损坏其他零件。

5）外廓尺寸较大，结构不够紧凑。

6）带与带轮之间存在一定的弹性滑动，不能保证恒定的传动比，传动精度和传动效率较低。

7）需要张紧装置。

8）传动带需张紧在带轮上，对轴和轴承的压力较大。

9）带的寿命较短，需经常更换。

（3）V 带轮的材料。常用的带轮材料为 HT150 或 HT200。转速较高时，可以采用铸钢或用钢板冲压焊接而成；小功率时，可采用铸铝或塑料。

（4）V 带轮的结构形式。

1）实心式，带轮基准直径为 $d_d \leqslant 2.5d$，d 为安装带轮的轴的直径，单位为 mm。

2）腹板式，$d_d \leqslant 300mm$。

3）孔板式，$D_1 - d_1 \geqslant 100mm$。

4）轮辐式，$d_d > 300mm$。

（5）V 带轮的轮槽。V 带轮轮槽应与所选用的 V 带型号相对应。

（6）V 带轮的张紧。V 带传动的张紧形式包括：①定期张紧装置，有滑道式和摆架式两种；②自动张紧装置；③张紧轮装置，分为外侧张紧和内侧张紧。

（7）带传动的失效形式。带传动的主要失效形式有打滑、疲劳破坏等。

2. 啮合型带传动

啮合型带传动一般也称为同步带传动，通过传动带内表面上等距分布的横向齿和带轮上相应齿槽的啮合来传递运动。由于强力层承载后变形小，能保持同步带的周节不变，故带与带轮间没有相对滑动，从而保持了同步传动。

啮合型带传动的特点：

（1）传动比准确，传动效率高。

（2）工作平稳，能吸收振动。

（3）不需要润滑，耐油水、耐高温、耐腐蚀，维护保养方便。

（4）中心距要求严格，安装精度要求较高。

（5）制造工艺复杂，成本较高。

3. 思考题

（1）按照工作原理的不同，带传动是如何分类的？带传动的特点是什么？

（2）常用的平皮带有哪些类型？普通 V 带有哪些类型？

（3）在相同条件下，为什么 V 带比平带传动能力大？

（4）什么是带传动的弹性滑动？什么是带传动的打滑？二者的主要区别是什么？

（5）打滑是带传动的失效形式，但打滑一定是有害的吗？

（6）打滑首先发生在哪个带轮上？为什么？

（7）带传动的主要失效形式有哪些？

（8）V带传动常见的张紧装置有哪些？

（9）在带传动中，什么情况下需采用张紧轮？张紧轮应怎样布置才合理？

（10）在设计带传动时，为什么要限制带轮的最小基准直径和带的最大、最小速度？

（11）带轮的结构形式有哪些？如何选定带轮的结构形式？

（12）啮合型带传动的工作原理是什么？特点是什么？

1.3.5　链传动（见图1-6）

1．链传动的特点

链传动是属于带有中间挠性件的啮合传动。通过链轮轮齿与链条链节的啮合来传递运动

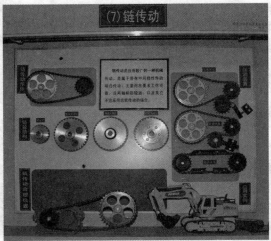

图1-6　链传动

和动力。

链传动的优点：

（1）链传动无弹性滑动和打滑现象，因而能保持平均传动比为常数。

（2）链条需要张紧力较小，轴上的径向压力较小。

（3）结构较为紧凑。

（4）能在高温及潮湿等恶劣环境条件的情况下工作。

（5）安装精度要求较低，成本低廉。

（6）在远距离传动（中心距离最大可达十多米）时，其结构要比齿轮传动轻便得多。

链传动的缺点：

（1）在两根平行轴间只能用于同向回转的传动。

（2）瞬时传动比不恒定。

（3）工作时有噪声，不宜在载荷变化较大或急速反向的传动中应用。

链传动主要用于农业机械、建筑机械、纺织机械、化工机械、石油机械、起重机械、冶金、采矿、金属切削机床等。

按用途不同，链可分为传动链、起重链和曳引链。传动链又分为套筒滚子链（简称滚子链）和齿形链。

2．传动链的结构

滚子链由滚子、套筒、销轴、内链板、外链板组成。滚子与套筒、套筒与销轴为间隙配合，内链板与套筒、外链板与销轴为过盈配合。

滚子链与链轮啮合的基本参数有节距 p、滚于外径 d_1、内链节内宽 b_1。

3．链轮

链轮齿形的要求：①保证链节平稳进入和退出啮合；②减小啮合时冲击和接触应力；③链条节距因磨损而增长后，应仍能与链轮很好地啮合；④便于加工。

链轮结构有实心式、腹板式、焊接式和螺栓式。

4. 链传动的失效形式

链传动的主要失效形式有链的疲劳破坏、链条铰链的磨损、多次冲击破断、链条铰链的胶合、链条的过载拉断等。

5. 链传动的布置

链轮必须位于铅垂面内，两链轮共面。中心线可以水平，也可以倾斜，但尽量不要处于铅垂位置。一般紧边在上，松边在下，以免在上的松边下垂量过大而阻碍链轮的顺利运转。

6. 链传动的张紧

张紧的目的是避免在链条的松边垂直度过大时产生啮合不良和链条的振动现象，同时也为了增加链条与链轮的啮合包角。当中心线与水平线的夹角大于 60°时，通常设有张紧装置。张紧方法有调整中心距、缩短链长和张紧轮张紧。

7. 链传动的润滑

链传动的润滑十分重要，对高速、重载的链传动更为重要。良好润滑可缓和冲击，减轻磨损，延长使用寿命。润滑方式有定期人工润滑、滴油润滑、油池润滑、飞溅润滑、压力供油润滑。

8. 链传动的保护

用防护罩将其封闭，以免伤害工作人员，还可以防尘。

9. 思考题

（1）链传动与带传动、齿轮传动相比有何优缺点？应用于什么场合？

（2）按用途不同，链是如何分类的？

（3）滚子链的结构形式有哪些？哪些是间隙配合？哪些是过盈配合？

（4）滚子链与链轮啮合的基本参数有哪些？

（5）什么是链传动的多边形效应？

（6）链传动的载荷是如何产生的？

（7）链传动的失效形式有哪些？

（8）链传动中小链轮齿数为什么不宜过少，而大链轮齿数又不宜过多？

（9）链轮的结构形式有哪些？对链轮齿形的要求有哪些？

（10）链传动的布置要求是什么？

（11）链传动的张紧目的是什么？张紧方法有哪些？

（12）链传动的润滑方式有哪些？

1.3.6 齿轮传动

齿轮传动（见图 1-7）的特点：效率高；结构紧凑；工作可靠，寿命长；传动比稳定；齿轮制造复杂，成本较高，不适于轴间距离过大的传动。

1. 齿轮传动分类

（1）按齿廓曲线类型，分为渐开线齿轮传动、摆线针轮传动、圆弧齿轮传动等。

图 1-7　齿轮传动

（2）按齿轮传动轴线间的相对位置不同，分为轴线平行的圆柱齿轮传动、轴线相交的锥齿轮传动、轴线相错的螺旋齿轮传动和轴线相错且垂直的蜗杆传动。

（3）按齿面硬度不同，分为软齿面（齿面硬度不大于 350HBS）、硬齿面（齿面硬度大于 350HBS）的齿轮传动。

（4）按齿轮工作条件不同，分为开式、半开式、闭式齿轮传动。

齿轮传动应用于仪器、仪表、冶金、矿山、机床、汽车、航空、航天、船舶等领域中。

2. 齿轮传动的主要失效形式

（1）轮齿折断。轮齿折断可分为疲劳断齿和过载折断。

（2）轮齿工作面的失效。轮齿工作面的失效包括磨损、点蚀、胶合、塑性变形等。

3. 常用齿轮材料

常用齿轮材料有锻钢、铸钢、铸铁、非金属材料。

4. 齿轮的结构类型

（1）齿轮轴：圆柱齿轮时，若齿根圆到键槽底部的距离 $e<2m_t$（m_t 为端面模数）；圆锥齿轮时，圆锥齿轮小端的齿根圆至键槽底部的距离 $e<1.6m_t$，齿轮与轴做成一体。

（2）实心式齿轮：齿顶圆直径 $d_a<200mm$。

（3）腹板式齿轮：齿顶圆直径 $d_a=200\sim500mm$。

（4）轮辐式齿轮：齿顶圆直径 $d_a>500mm$。

5. 齿轮的润滑

润滑的作用是减小齿轮啮合处和轴承的摩擦损失，减少磨损，降低噪声，还可以散热及防锈蚀。

开式、半开式齿轮传动，或速度很低的闭式齿轮，由于其传动速度较低，常采用人工定期加油润滑的方式。

通用的闭式齿轮传动的润滑方法是根据齿轮的圆周速度大小而定。当齿轮的圆周速度 $v\leq12m/s$ 时，常将大齿轮的轮齿浸入油池中进行浸油润滑。当齿轮的圆周速度 $v>12m/s$ 时，应采用喷油润滑。其中，当 $v\leq25m/s$ 时，喷嘴位于轮齿啮入边或啮出边均可；当 $v>25m/s$ 时，喷嘴应位于轮齿啮出的一边，以便借润滑油及时冷却刚啮合过的轮齿，同时也对轮齿进行润滑。齿轮传动常用的润滑剂为润滑油和润滑脂。

6. 圆弧齿圆柱齿轮传动

与圆柱齿轮传动相比，圆弧齿圆柱齿轮传动具有以下特点：

（1）圆弧齿轮传动啮合轮齿的综合曲率半径较大，轮齿具有较高的接触强度。

（2）圆弧齿轮传动具有良好的磨合性能。

（3）圆弧齿轮传动轮齿没有根切现象，故齿数可少至 6～8 个，但应视小齿轮轴的强度及刚度而定。

（4）圆弧齿轮不能做成直齿，并为确保传动的连续性，必须具有一定的宽度。

（5）圆弧齿轮传动的中心及切齿深度的偏差对轮齿沿齿高的正常接触影响很大，将降低齿轮应有的承载能力，因而这种传动对中心距及切齿深度的精度要求较高。

它的失效形式与渐开线齿轮相同，齿面点蚀、磨损、齿根折断等。

7. 思考题

（1）齿轮传动的特点是什么？

（2）齿轮传动是如何分类的？应用场合是什么？

（3）齿轮传动的失效形式有哪些？各种失效形式常在何种情况下发生？

（4）轮齿折断通常发生在什么部位？如何提高抗弯疲劳折断的能力？

（5）要提高轮齿的抗弯疲劳强度和齿面抗点蚀能力有哪些可能的措施？

（6）对于做双向传动的齿轮来说，它的齿面接触应力和齿根弯曲应力各属于什么循环特性？

（7）为什么在一对齿轮传动中小齿轮的材料和齿面硬度都要高于大齿轮？

（8）齿轮常用的材料有哪些？各适用于什么场合？

（9）软齿面和硬齿面的界限是如何划分的？

（10）齿轮的精度等级与齿轮的选材及热处理有什么关系？

（11）齿轮的结构形式有哪些？

（12）齿轮传动润滑的作用是什么？润滑方式有哪些？

1.3.7　蜗杆传动

蜗杆传动是用来传递空间互相垂直而不相交的两轴间运动和动力的传动机构，见图 1-8。

蜗杆传动的特点：①传动比大，结构紧凑；②传动平稳，噪声低；③传动可具有自锁性；④传动效率低；⑤蜗轮成本较高。

根据蜗杆的形状不同，蜗杆传动可分为以下几种：圆柱蜗杆传动，又分为普通圆柱蜗杆传动和圆弧圆柱蜗杆传动；环面蜗杆传动；锥蜗杆传动。

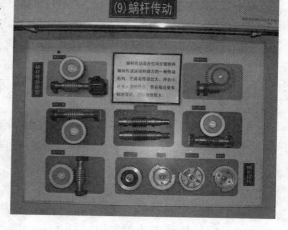

1．圆柱蜗杆传动

（1）普通圆柱蜗杆传动。

普通圆柱蜗杆传动的特点：①能实现较大的传动比；②冲击载荷小，传动平稳，噪声低；③具有自锁性；④磨损大，效率低等。

普通圆柱蜗杆传动又分为阿基米德蜗杆（ZA 蜗杆）、渐开线蜗杆（ZI 蜗杆）、法向直廓蜗杆（ZN 蜗杆）、锥面包络蜗杆（ZK 蜗杆）。

图 1-8　蜗杆传动

（2）圆弧圆柱蜗杆传动。

圆弧圆柱蜗杆传动特点：①效率高；②承载能力大；③体积小，质量轻；④结构紧凑。

2．环面蜗杆传动

圆弧面蜗杆传动的特征是蜗杆在轴向的外形是以凹圆弧为母线所形成的螺旋曲面。

3．锥蜗杆传动

锥蜗杆传动的特点：①同时接触的齿数较多，重合度大；②传动比大；③承载能力和效率都较高；④侧隙便于控制和调整；⑤中心距较小，结构紧凑；⑥制造安装简便。

4．蜗杆传动的主要参数

普通圆柱蜗杆的主要参数有模数 m、压力角 α、蜗杆的分度圆直径 d_1、蜗杆头数 z_1、导程角 γ、传动比 i 和齿数比 u、蜗轮齿数 z_2、蜗杆传动的标准中心距 a。

5．蜗杆传动的失效形式

蜗杆传动的失效形式有点蚀、弯曲折断、胶合、磨损。

6．蜗杆传动常用材料

蜗杆常用材料有碳钢和合金钢。

蜗轮常用材料有铸造锡青铜（ZCuSn10P1、ZCuSn5Pb5Zn5）、铸造铝青铜（ZCuAl10Fe3）、灰铸铁（HT150、HT200）。

7．蜗杆传动的润滑

润滑对蜗杆传动特别重要，因为润滑不良时，蜗杆传动的效率将显著降低，并会导致剧烈的磨损和胶合。

闭式蜗杆传动一般采用油池润滑或喷油润滑。当 $v_s<5\text{m/s}$ 时，常采用蜗杆下置结构浸油润滑，浸油深度至少为一个齿高，但油面不得超过蜗杆轴承的最低滚动体的中心，蜗杆下置式润滑较好，但搅油损失大。当 $v_s=5\sim10\text{m/s}$ 时，搅油阻力太大，可采用蜗杆上置结构，上置式蜗杆润滑较差，但搅油损失小，这时浸油的深度允许达到蜗轮半径的 1/3；也可采用喷油润滑，用油嘴向啮合区供油。当 $v_s>10\text{m/s}$ 时，需用压力喷油润滑，喷油嘴要对准蜗杆啮入端，蜗杆正、反转时，两边都要装有喷油嘴，而且要控制一定的油压。

对于开式蜗杆传动，应选用黏度较高的润滑油或润滑脂。

8．蜗杆传动结构

蜗杆常和轴做成一个整体，铣制无退刀槽，车制有退刀槽。

蜗轮有齿圈式、螺栓连接式、整体浇铸式和拼铸式。

9．思考题

（1）蜗杆传动的特点是什么？

（2）按蜗杆的形状不同，蜗杆传动是如何分类的？圆柱蜗杆是如何分类的？

（3）蜗杆传动的主要参数有哪些？

（4）蜗杆传动的失效形式有哪些？设计准则是什么？

（5）蜗杆传动的正确啮合条件是什么？自锁条件是什么？

（6）为何将蜗杆分度圆直径 d_1 标准化？

（7）蜗杆和蜗轮的常用材料有哪些？

（8）蜗杆和蜗轮的结构形式有哪些？各用于什么场合？

（9）蜗杆传动中为何常以蜗杆为主动件，蜗轮能否作为主动件？为什么？

（10）蜗杆的齿廓曲线有哪几种？

（11）蜗杆传动的润滑作用是什么？润滑方式有哪些？

（12）蜗杆传动为什么要进行热平衡计算？

1.3.8　滑动轴承

滑动轴承（见图1-9）的特点：承载能力大，抗振性能好，工作平稳，噪声小，寿命长。

1．滑动轴承适用场合

（1）工作转速特高的轴承。

（2）要求对轴的支承位置特别精确的轴承。

（3）特重型的轴承。

（4）承受巨大的冲击和振动载荷的轴承。

（5）径向空间尺寸受限制的轴承，滚动轴承由于有滚动体的存在，径向尺寸较大。

（6）根据装配要求必须做成剖分式的轴承（如曲轴的轴承）。

（7）需在水或腐蚀性介质中工作的轴承，此时滚动轴承很难胜任。

滑动轴承在轧钢机、汽轮机、内燃机、铁路机车及车辆、金属切削机床、航空发动机附件、雷达、卫星通信地面站、天文望远镜及各种仪表中应用广泛。

2. 滑动轴承类型

按其所能承受的载荷方向的不同，可分为径向轴承（承受径向载荷）和止推轴承（承受轴向载荷）。

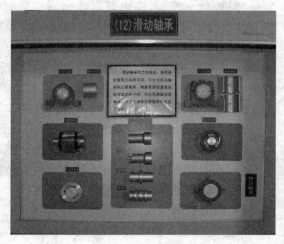

图 1-9　滑动轴承

根据其滑动表面间润滑状态的不同，可分为液体润滑轴承、不完全液体润滑轴承和自润滑轴承（指工作时不加润滑剂）。

根据液体润滑承载机理不同，可分为流体动压润滑轴承（简称动压轴承）和流体静压润滑轴承（简称静压轴承）。

3. 滑动轴承结构形式

（1）径向滑动轴承。径向滑动轴承的主要结构形式有整体式径向滑动轴承和对开式径向滑动轴承。

1）整体式径向滑动轴承。整体式径向滑动轴承由轴承座和减摩材料制成的整体轴套组成。其优点是结构简单，成本低廉。缺点是轴套磨损后轴承间隙过大时无法调整；只能从轴颈端部拆装，对于重型机器的轴或具有中间轴颈的轴，拆装很不方便，甚至会无法安装。因此，整体式径向滑动轴承多用于低速、轻载或间歇性工作机器中。

2）对开式径向滑动轴承。对开式径向滑动轴承由轴承座、轴承盖、剖分式轴瓦、双头螺柱等组成。这种轴承拆装方便，并且轴瓦磨损后可以用减小剖分面处的垫片厚度来调整轴承间隙。

（2）止推滑动轴承。止推滑动轴承由轴承座和止推轴颈组成，常用结构形式有空心式、单环式和多环式。

4. 滑动轴承的失效形式

滑动轴承的失效形式有磨粒磨损、刮伤、咬黏（胶合）、疲劳剥落、腐蚀。

5. 常用轴承材料

（1）对轴承材料的要求。针对滑动轴承的失效形式，轴承材料性能要求有以下几点：

1）良好的减摩性、耐磨性和抗咬黏性。减摩性是指材料副具有低的摩擦系数；耐磨性是指材料的抗磨损性能，通常以磨损率表示；抗咬黏性是指材料的耐热性和抗黏附性。

2）良好的摩擦顺应性、嵌入性和磨合性。摩擦顺应性是指材料通过表层弹塑性变形来补偿轴承滑动表面初始配合不良的能力。弹性模量低、塑性好的材料，顺应性就好。嵌入性是指材料容纳硬质颗粒嵌入，从而减轻轴承滑动表面发生刮伤或磨粒磨损的性能。顺应性好的金属材料，一般嵌入性也好。非金属材料则不一定，如炭-石墨，弹性模量较低，但质硬、嵌入性不好。磨合性是指轴瓦与轴颈表面经短期轻载运转后，易于形成相互吻合的表面粗糙度。

3）足够的强度和抗腐蚀能力。足够的疲劳强度，可以保证轴瓦在变载荷作用下有足够的寿命；足够的抗压强度，可以防止产生过大的塑性变形。

4）良好的导热性、工艺性、经济性等。

（2）常用轴承材料。常用轴承材料有以下几种：

1）金属材料，如轴承合金、铜合金、铝基合金、铸铁等。

2）多孔质金属材料，用不同金属粉末经压制、烧结而成的轴承材料。

3）非金属材料，如石墨、工程塑料等。

6. 轴瓦结构

常用的轴瓦有整体式和对开式两种。

（1）整体式。按材料及制法不同，整体式轴瓦分为整体轴套和卷制轴套，卷制轴套又分单层、双层或多层多种。

（2）对开式。对开式轴瓦由上、下两部分组成。

7. 滑动轴承的润滑

润滑作用是减小摩擦阻力、降低磨损、冷却、吸振等。

（1）润滑脂。润滑脂常用在那些要求不高、难以经常供油，或者低速重载及做摆动运动之处的轴承中。

（2）润滑油。当转速高、压力小时，应选用黏度低的油；当转速低、压力大时，应选用黏度高的油。

8. 其他形式轴承

（1）带锥套轴承：利用轴套两端的螺母可使轴套做轴向移动，从而调整轴承间隙。

（2）多油楔轴承：工作时，各油楔中同时产生油膜压力，有助于提高轴的旋转精度及轴承的稳定性。

（3）可倾瓦多油楔轴承：轴瓦由3块或3块以上（通常为奇数）的扇形块组成。

（4）液体静压轴承：依靠一个液压系统供给压力油，压力油进入轴承间隙里，强制形成压力油膜以隔开摩擦表面，靠液体的静压平衡外载荷。

9. 思考题

（1）滑动轴承的特点是什么？

（2）滑动轴承适用于哪些场合？

（3）滑动轴承的主要类型有哪些？特点各是什么？

（4）滑动轴承的失效形式是什么？

（5）常用轴承材料有哪些？主要要求有哪些？

（6）轴承润滑的目的是什么？有哪些润滑方式？

（7）选择润滑脂和润滑油时应考虑哪些因素？

（8）轴瓦上为什么要开油沟？油沟应开在什么位置？为什么？

（9）形成液体动压润滑的必要条件是什么？

（10）常用轴瓦的结构形式有哪些？

1.3.9　滚动轴承

滚动轴承的基本结构包括内圈、外圈、滚动体、保持架等。

常用的滚动体有球、圆柱滚子、圆锥滚子、球面滚子、非对称球面滚子、滚针等。

与滑动轴承相比，滚动轴承具有以下优点：①摩擦阻力小，效率高，起动容易；②润滑方便，互换性好，维护保养方便；③径向游隙较小，可以用预紧的方法提高轴承刚度及旋转精度；④滚动轴承的宽度较小，可使机器的轴向尺寸紧凑。滚动轴承的缺点：①承受冲击载荷的能力差；②高速运转时噪声大；③滚动轴承不能剖分，致使有的时候轴承安装困难，甚至无法安装使用；④径向尺寸大，寿命较低。

1. 滚动轴承类型（见图 1-10）

按滚动体的类型，可分为球轴承和滚子轴承。

按承受载荷方向不同，可分为以下几种：①向心轴承，承受径向载荷；②推力轴承，承受轴向载荷；③向心推力轴承，既承受径向载荷又承受轴向载荷。

常用滚动轴承的类型：

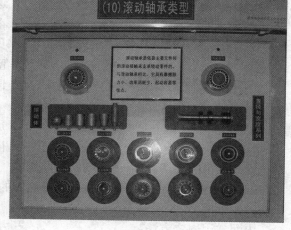

图 1-10　滚动轴承类型

（1）向心轴承：1—调心球轴承，10000；2—调心滚子轴承，20000、29000（推力）；6—深沟球轴承，60000；N—圆柱滚子轴承，N0000；NA—滚针轴承，NA0000。

（2）推力轴承：5—推力球轴承，51000（单向）、52000（双向）；8—推力圆柱滚子轴承，80000。

（3）向心推力轴承：3—圆锥滚子轴承，30000（$\alpha=10°\sim18°$）、30000B（$\alpha=27°\sim30°$）；7—角接触球轴承，70000C（$\alpha=15°$）、70000AC（$\alpha=25°$）、70000B（$\alpha=40°$）。

2. 滚动轴承代号

滚动轴承代号的构成见表 1-1。

表 1-1　　　　　　　　　　　　　　滚动轴承代号的构成

轴承代号				
前置代号	基本代号			后置代号
	轴承系列		内径代号	
	类型代号	尺寸系列代号		
		宽度（或高度）系列代号	直径系列代号	

3. 滚动轴承失效形式

滚动轴承的失效形式包括疲劳点蚀、磨损、塑性变形、烧伤、润滑脂失效。

4．滚动轴承装置（见图 1-11）

（1）轴系的固定。轴系固定是指通过对轴上轴承的固定，防止轴发生轴向窜动，保证轴上零件有正确的工作位置，并将轴上受到的外载荷，通过滚动轴承可靠地传递到机架上。当轴受热伸长时，应使滚动轴承具有一定的轴向游动量，以避免轴承卡死。

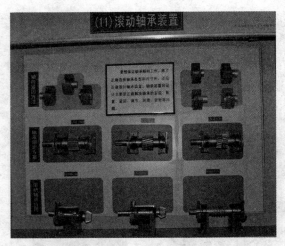

图 1-11　滚动轴承装置

1）两端固定。利用轴上两端轴承各限制一个方向的轴向移动，从而限制轴的双向移动。这种结构一般用于工作温度较低和支承跨距较小的刚性轴的支承，轴的热伸长量可由轴承自身的游隙补偿，或者在轴承外圈与轴承盖之间留有间隙 Δ（0.25～0.4mm）补偿轴的热伸长量，调整调节垫片可改变间隙的大小。

2）一个支点双向固定，另一个支点游动。这种轴的支承形式，一个支点处的轴承外圈双向固定，另一个支点处的轴承可以轴向游动（通常是受载较小的支点），以适应轴的热伸长。

3）两端游动支承。两端轴承均不限制轴的移动。

（2）轴向固定。

内圈常用固定方法：

1）用轴用弹性挡圈嵌在轴的沟槽内，主要用于轴向力不大及转速不高的情况。

2）用螺钉固定的轴端挡圈紧固，可用于在高转速下承受大轴向力的情况。

3）用圆螺母和止动垫圈紧固，主要用于轴承转速高、承受较大的轴向力的情况。

4）用紧定衬套、止动垫圈和圆螺母紧固，用于光轴上的、轴向力和转速都不大的、内圈为圆锥孔的轴承。内圈的另一端，常以轴肩作为定位面。为了便于轴承拆卸，轴肩的高度约为轴承内圈厚度的 2/3。

外圈常用固定方法：

1）用嵌入外壳沟槽内的孔用弹性挡圈紧固，用于轴向力不大且需减小轴承装置尺寸的情况。

2）用轴用弹性挡圈嵌入轴承外圈的止动槽内紧固，用于带有止动槽的深沟球轴承，当外壳不便设凸肩或外壳为剖分式结构的情况。

3）用轴承盖紧固，用于高转速及受很大轴向力时的各类向心轴承、推力轴承和向心推力轴承。

4）用螺纹环紧固，用于轴承转速高、轴向载荷大，而不适于使用轴承盖紧固的情况。

（3）轴承游隙调整。轴承的正常运转对间隙的要求很重要。游隙过大，则轴承的旋转精度降低，刚度下降，噪声增大；游隙过小，则轴的热膨胀将使轴承受载加大，寿命缩短，效率降低。

调整游隙的方法有以下几种：①用垫片调整；②用螺钉调整；③用圆螺母调整。

（4）轴上零件位置的调整。轴上零件位置调整的目的是使轴上零件具有准确的工作位置。

（5）轴承的配合。滚动轴承是标准件，选择配合时就是基准件。因此，轴承内圈与轴采用基孔制，轴承外圈与轴承座采用基轴制。

轴承的配合应考虑以下几个因素：①载荷的大小、方向及载荷的性质；②工作温度的高低及温度变化情况；③轴承的固定形式；④轴承的拆装条件；⑤轴系旋转精度。

（6）轴承的预紧。预紧就是在安装时用某种方法在轴承中产生并保持一个轴向力，以消除轴承中的轴向游隙，并在滚动体和内、外圈接触处产生初变形。

预紧装置：①夹紧一对圆锥滚子轴承的外圈而预紧；②用弹簧预紧，可以得到稳定的预紧力；③在一对轴承中间装入长度不等的套筒而预紧，预紧力可由两套筒的长度差控制，这种装置刚性较大；④夹紧一对磨窄了的外圈而预紧，反装时可磨窄内圈并夹紧。

（7）滚动轴承的润滑。滚动轴承的润滑有以下几种：①脂润滑；②油润滑，有油浴润滑、滴油润滑、飞溅润滑、喷油润滑和油雾润滑；③固体润滑。

（8）滚动轴承的密封。滚动轴承的密封有以下几种：①接触式密封，如毡圈密封、唇形密封和密封环；②非接触式密封，如隙缝密封、甩油密封和曲路密封。

5. 思考题

（1）与滑动轴承相比较，滚动轴承有哪些优缺点？

（2）滚动轴承的主要类型有哪些？如何选择滚动轴承的类型？

（3）说明下列滚动轴承代号的意义：N210，6212/P4，30207/P6。

（4）滚动轴承的主要失效形式和计算准则是什么？

（5）什么是滚动轴承的基本额定载荷？

（6）滚动轴承为何需要采用密封装置？常用的密封装置有哪些？

（7）什么是滚动轴承的预紧？为什么滚动轴承需要预紧？预紧有哪些方法？

（8）滚动轴承润滑的目的是什么？

（9）滚动轴承常用的油润滑方法有哪些？

（10）滚动轴承的配合如何选择？

（11）滚动轴承调整游隙的方法有哪些？

（12）滚动轴承轴向固定方法有哪些？

1.3.10 联轴器和离合器

联轴器和离合器主要用来连接轴与轴（或连接轴与其他回转零件）以传递运动与转矩，有时也可用作安全保护的装置。

1. 联轴器（见图 1-12）

（1）联轴器的类型。根据对两轴的相对位移是否具有补偿能力，可将联轴器分为刚性联轴器和挠性联轴器。

1）刚性联轴器。刚性联轴器有套筒式、夹壳式和凸缘式三种。

a. 套筒式联轴器：用一个套筒通过键将两轴连接在一起，用紧定螺钉来实现轴向固定

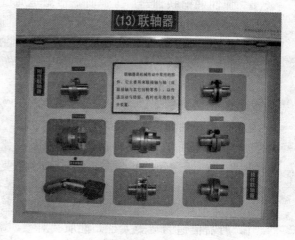

图 1-12 联轴器

或者直接用销穿过套筒与轴。这种联轴器结构简单，径向尺寸小，使用方便，两轴传递反向间隙小，但传递扭矩较小，不能缓冲减振，一般用于载荷较平稳的两轴连接，且连接时需要轴向移动，不适用于重载连接。

b．夹壳式联轴器：将套筒做成剖分夹壳结构，通过拧紧螺栓产生的预紧力使两夹壳与轴连接，并依靠键以及夹壳与轴表面之间的摩擦力来传递扭矩。这种联轴器无须沿轴向移动，方便拆装，但不能连接直径不同的两轴，外形复杂且不易平衡，高速旋转时会产生离心力。一般用于低速传动轴，常用于垂直传动轴的连接。

c．凸缘式联轴器：把两个带有凸缘的半联轴器用键分别与两轴连接，然后用螺栓把两个半联轴器连成一体，以传递运动和转矩。这种联轴器结构简单，价格低廉，能传递较大的转矩，但不能补偿两轴线的相对位移，也不能缓冲减振，故只适用于所连接的两轴能严格对中、载荷平稳的场合。

2）挠性联轴器。按是否具有弹性元件，挠性联轴器分为无弹性元件的挠性联轴器和有弹性元件的挠性联轴器。

无弹性元件的挠性联轴器有以下几种：

a．十字滑块联轴器：一般用于轴的刚性较大、传递转矩大而转速较低、冲击小的场合，使用时应从中间盘的油孔中注油进行润滑。

b．万向联轴器：分别装在两轴端的叉形接头和一个十字轴组成，两叉形接头均能绕十字轴的轴线转动，从而使联轴器的两轴线呈任意角度 α，且机器工作时，即使夹角发生改变仍可正常传动，但 α 过大时，传动效率显著降低。

c．齿式联轴器：所用齿轮的齿廓曲线为渐开线，啮合角为 20°，齿数一般为 30～80，材料一般用 45 钢或 ZG310-570。这类联轴器能传递很大的转矩，并允许有较大的偏移量，安装精度要求不高；但质量较大，成本较高，广泛应用于重型机械中。

有弹性元件的挠性联轴器有以下几种：

a．弹性套柱销联轴器：工作时，由于弹性套的弹性变形，可补偿两轴的相对位移，并具有缓冲和吸振的作用。这种联轴器制造容易，拆装方便，成本较低，但弹性套易磨损，寿命较短。适用于连接载荷平稳、需正反转或起动频繁的传递中小转矩的轴。

b．弹性柱销联轴器：工作时，转矩是通过主动轴上的键、半联轴器、弹性柱销、另一半联轴器及键传递到从动轴上的。为了防止柱销脱落，两侧用挡环封住。这种联轴器结构简单，制造、维修方便，弹性柱销的强度高、耐磨性好、寿命长，传递转矩的能力更大。适用于轴向窜动较大、经常正反转或起动频繁及较大转矩的传动中。

c．梅花形弹性联轴器。

d．轮胎式联轴器。

e．膜片联轴器。

f．星形联轴器：两半联轴器上均制有凸牙，用橡胶等类材料制成的星形弹性件放置在两半联轴器的凸牙之间。工作时，星形弹性件受压缩并传递转矩。因弹性件只受压不受拉，工作情况有所改善，故寿命较长。

（2）联轴器的选择。联轴器的选择应考虑以下几个因素：

1）所需传递的转矩大小、性质及对缓冲减振功能要求。

2）工作转速的高低。

3）两轴相对位移的大小。

4）工作环境和可靠性。

5）联轴器的制造、安装、维护和成本。

2. 离合器

在机器运转中，离合器可将传动系统随时分离或接合。基本要求：①接合平稳，分离迅速而彻底；②调节和修理方便；③外廓尺寸小；④质量小；⑤耐磨且有足够的散热能力；⑥操纵方便省力。

常用的离合器分为牙嵌式和摩擦式，见图 1-13。

（1）牙嵌式。牙嵌式离合器是借牙的相互嵌合来传递运动和转矩的。常用的牙形有以下几种：三角形牙，接合与分离容易，但牙的强度较弱，多用于传递小转矩的低速离合器；矩形牙，接合不便，磨损后无法补偿间隙，牙根强度弱，仅用于静止状态的手动接合；梯形牙，牙根强度较高，容易接合，且能自动补偿牙的磨损间隙，故应用较广；锯齿形牙，牙根强度较高，可传递较大转矩，但只能传递单向转矩，反转时由于有较大的轴向分力，会迫使离合器自行分离。

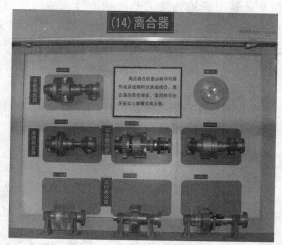

图 1-13　离合器

（2）摩擦式。摩擦式离合器通过主、从动盘的摩擦片接触表面产生的摩擦力来传递转矩。摩擦式离合器的特点：无论在何种速度运转，两轴都可以接合或分离；接合过程平稳，冲击、振动较小；从动轴的加速时间和所传递的最大转矩可以调节；过载时可发生打滑，以保护重要零件不致损坏；外廓尺寸较大；在接合、分离过程中要产生滑动摩擦，故发热量较大，磨损也较大。

下面介绍几种陈列柜展示的离合器：

（1）单盘摩擦离合器：结构简单，散热性好，但传递的转矩较小。工作时通过操纵杆和滑环可以使摩擦盘在从动轴上左右滑移，以实现离合器的接通与断开。

（2）滚珠安全离合器：正常工作时，弹簧的推力使两盘的滚珠互相交错压紧，主动齿轮传来的转矩通过滚珠、从动盘、外套筒而传给从动轴。当转矩超过许用值时，弹簧被过大的轴向分力压缩，从动盘向右移，原交错压紧的滚珠因被放松而相互滑过，此时主动齿轮空转，从动轴停止转动。当载荷恢复正常时，又可重新传递转矩。弹簧压力的大小可用螺母来调节。由于滚珠表面会受到较严重的冲击与磨损，故一般只用于传递较小转矩的装置中。

（3）锥形摩擦离合器：与单圆盘摩擦离合器相比较，由于锥形结构的存在，使圆锥式摩擦离合器可以在相同外径尺寸和轴向压力的情况下产生较大的摩擦力，从而传递较大的转矩。

（4）离心离合器：通过转速的变化利用离心力的作用来控制接合和分离的一种离合器。离心离合器分为开式和闭式两种。开式离心离合器只有当达到一定工作转速时，主、从动部分进入接合，常用作起动装置；闭式离心离合器在达到一定工作转速时，主、从动部分才分离，常用作安全装置。

（5）滚柱定向离合器：由爪轮、套筒、滚柱、弹簧顶杆等组成。如果爪轮为主动轮并做顺时针回转，滚柱与套筒之间的摩擦力将使滚柱滚向空隙的收缩部分，并楔紧在爪轮和套筒间，使套筒随爪轮一起回转，离合器进入接合状态；当爪轮反向回转时，滚柱即被滚至空隙的宽敞部分，使离合器分离。

（6）多盘摩擦离合器：一组外摩擦片的外齿与主动轴上外鼓轮的纵向槽相嵌合，因而可以与主动轴一起转动，并可在轴向力的推动下沿轴向移动；另一组内摩擦片以其内孔的凹槽与从动轴上套筒外缘的凸齿相嵌合，故内摩擦片可随从动轴一起转动，也可沿轴向移动。另外在套筒上的 3 个纵向槽中安置可绕销轴转动的曲臂压杆。当滑环向左移动时，曲臂压杆通过压板将所有内、外摩擦片压紧在调节圆螺母上，离合器即处于接合状态。当内、外摩擦片磨损后，调节圆螺母可用来调节内、外摩擦片之间的压力。

3. 思考题

（1）联轴器和离合器的作用是什么？二者的区别是什么？
（2）选择联轴器时应考虑哪些因素？
（3）联轴器是如何分类的？
（4）凸缘式联轴器有几种对中方式？各种对中方式有何特点？
（5）选择联轴器类型和尺寸的依据是什么？
（6）牙嵌离合器的牙形有几种形式？各有何特点？
（7）摩擦式离合器的特点是什么？
（8）离合器应满足哪些基本要求？
（9）多盘摩擦离合器为什么要限制摩擦盘的数量？
（10）联轴器和离合器的工作原理有何相同点和不同点？

1.3.11　轴

轴的主要作用是支承回转零件及传递运动和动力，见图 1-14。

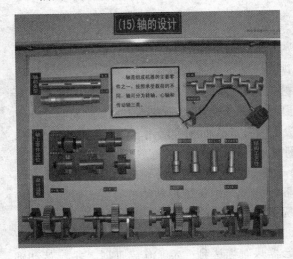

图 1-14　轴的设计

1. 轴的类型

按照承受载荷的不同，轴可分为以下几种：①转轴，工作中既承受弯矩又承受扭矩；②心轴，只承受弯矩而不承受扭矩；③传动轴，只承受扭矩而不承受弯矩。

按照轴线形状的不同，轴可分为以下几种：①曲轴，曲轴通过连杆可以将旋转运动改变为往复直线运动，或做相反的运动转换；②直轴，按外形的不同，分为光轴和阶梯轴。光轴形状简单，加工容易，应力集中源少，但轴上的零件不易装配及定位；阶梯轴则正好与光轴相反。因此，光轴主要用于心轴和传动轴，阶梯轴则常用于转轴。

另外，还有一种挠性钢丝软轴，由多组钢丝分层卷绕而成的具有良好的挠性，可以把回转运动灵活地传到任意的空间位置。

2．轴的材料

轴的材料主要是碳钢和合金钢。

轴的材料选择时应主要考虑以下因素：

（1）轴的强度、刚度及耐磨性要求。

（2）轴的热处理方法及机加工工艺性的要求。

（3）轴的材料来源、经济性等。

3．轴的结构

轴的结构主要取决于以下因素：

（1）轴在机器中的安装位置及形式。

（2）轴上安装零件的类型、尺寸、数量，以及和轴连接的方法。

（3）载荷的性质、大小、方向及分布情况。

（4）轴的加工工艺等。

轴的结构应满足以下要求：

（1）轴和装在轴上的零件要有准确的工作位置。

（2）轴上的零件应便于拆装和调整。

（3）轴应具有良好的制造工艺性等。

4．轴上零件的定位

（1）轴上零件的轴向定位。轴上零件的轴向定位是以轴肩、套筒、轴端挡圈、轴承端盖、圆螺母等来保证的。

（2）轴上零件的周向定位。常用的周向定位零件有键、花键、销、紧定螺钉及过盈配合等。

5．思考题

（1）轴的作用是什么？心轴、转轴、传动轴的区别是什么？

（2）按承载情况不同，轴可分为哪几类？

（3）如果不改变轴的结构和尺寸，仅将轴的材料由碳素钢改为合金钢，轴的刚度将如何变化？

（4）若轴的强度不足或刚度不足时，可分别采取哪些措施？

（5）为什么要进行轴的静刚度校核计算？

（6）校核计算时为什么不考虑应力集中等因素的影响？

（7）轴上零件的轴向固定有哪些方法，各有何特点？轴上零件的周向固定有哪些方法，各有何特点？

（8）轴的结构设计应考虑哪些因素？轴的结构设计要满足哪些基本要求？

（9）什么是刚性轴？什么是挠性轴？

（10）拟订轴上零件的装配方案时应注意哪些问题？

1.3.12　弹簧

1．弹簧的类型（见图 1-15）

弹簧具有多次重复随外载荷的大小而做相应的弹性变形，卸载后又能立即恢复原状的特性。

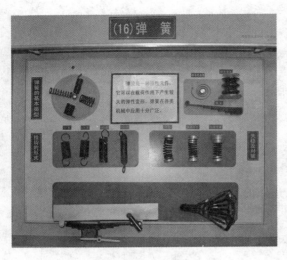

图 1-15　弹簧

弹簧的功用有以下几点：①减振和缓冲，如汽车、火车车厢下的减振弹簧等；②测量力的大小，如测力器、弹簧秤中的弹簧等；③储存及输出能量，如钟表、枪栓弹簧等；④控制机构的运动，如内燃机的阀门弹簧、离合器、制动器中的控制弹簧等。

按照所承受的载荷不同，弹簧可分为拉伸弹簧、压缩弹簧、扭转弹簧、弯曲弹簧等。

按照形状不同，弹簧又可分为螺旋弹簧、环形弹簧、碟形弹簧、板簧、盘簧等。

2. 弹簧的制造

螺旋弹簧的制造工艺有卷绕、钩环制作或两端加工、热处理、工艺试验及强压处理。其中，卷制分冷卷及热卷。冷卷用于经预先热处理后拉成的直径 $d<8mm$ 的弹簧丝；直径较大的弹簧丝制作的强力弹簧则用热卷。热卷的温度根据弹簧丝的粗细在 800～1000℃的范围内选择。

3. 弹簧的材料

常用材料有碳素弹簧钢、低锰弹簧钢、硅锰弹簧钢、铬钒钢、不锈钢、青铜等。

在选择材料时，应考虑的因素包括：弹簧的用途；重要程度；使用条件（包括载荷的性质、大小及循环性质，工作持续时间，工作温度和周围介质情况等）；加工、热处理；经济性。

4. 弹簧的基本参数

普通圆柱螺旋弹簧的主要参数有外径 D、中径 D_2、内径 D_1、节距 p、螺旋升角 α、弹簧丝直径 d、有效圈数 n、自由高度或长度 H_0 等。

5. 思考题

（1）按照所承受的载荷不同，弹簧可分为哪些类型？

（2）按照形状不同弹簧又可分为哪些类型？

（3）弹簧的作用是什么？

（4）常用弹簧的材料有哪些？选择时应考虑哪些因素？

（5）弹簧的卷制方法有哪几种？螺旋弹簧的制造工艺是什么？

（6）对弹簧材料有哪些主要要求？常用的材料有哪些？

（7）弹簧稳定的条件是什么？

（8）什么是弹簧的特性曲线？它与弹簧的刚度有何关系？

（9）圆柱形螺旋弹簧的弹簧丝直径是按什么要求确定的？

（10）圆柱形螺旋弹簧的有效圈数是按什么要求确定的？

（11）普通圆柱螺旋弹簧的主要参数有哪些？

（12）设计弹簧时，强度计算和刚度计算的目的各是什么？

1.3.13　减速器

减速器是原动机与工作机之间独立的闭式传动装置，用来降低转速和增大转矩以满足各种工作机械的需要，见图 1-16。

按照传动形式的不同可分为齿轮减速器、蜗杆减速器和行星减速器。

按传动和结构特点，减速器可分为以下几种：①齿轮减速器，主要有圆柱齿轮减速器、圆锥齿轮减速器和圆锥-圆柱齿轮减速器；②蜗杆减速器，主要有圆柱蜗杆减速器、环面蜗杆减速器和锥蜗杆减速器；③蜗杆-齿轮减速器及齿轮-蜗杆减速器；④行星齿轮减速器；⑤摆线针轮减速器；⑥谐波齿轮减速器。

图 1-16　减速器

1. 齿轮减速器

齿轮减速器特点是效率及可靠性高，工作寿命长，维护简便，因而应用范围广。

按照减速齿轮的级数，齿轮减速器可分为单级、两级、三级、多级。

按其轴在空间的布置，齿轮减速器可分为立式、卧式。

按其运动简图的特点，齿轮减速器可分为展开式、分流式、同轴式。

2. 蜗杆减速器

蜗杆齿轮的特点是在外廓尺寸不大的情况下可获得较大的传动比，工作平稳，噪声较小，但效率较低。

3. 行星齿轮减速器

行星齿轮减速器的特点是减速比大，体积小，质量轻，效率高。

4. 思考题

（1）减速器的作用是什么？

（2）减速器是如何分类的？

（3）齿轮减速器、蜗杆减速器和行星齿轮减速器有何特点？

（4）展开式圆柱齿轮减速器的中间轴为什么要求刚度大？

（5）如何选择减速器的润滑密封？

（6）为什么在许多减速器上，既有吊环螺钉还有起吊箱钩？

（7）减速器的轴与轴承的轴向定位和轴向间隙如何调整？

（8）为什么小齿轮往往做得比大齿轮宽一些？

实验 2 带传动的滑动与效率测定

2.1 实 验 目 的

（1）观察带传动的弹性滑动和打滑现象。

（2）了解转速、转速差、转矩及带传动效率的测量方法。

（3）了解改变带的初拉力 F_0 对带传动能力的影响。

（4）通过实验测定相关数据并绘制滑动率曲线（ε-T_2）和效率曲线（η-T_2）曲线，认知带传动的滑动特性、效率及其影响因素。

2.2 工作原理及测试方法

带传动实验台结构如图 2-1 所示。

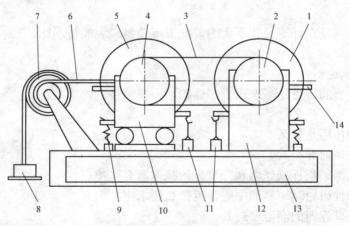

图 2-1 带传动实验台结构

1—从动直流发电机；2—从动带轮；3—传动带；4—主动带轮；5—主动直流电动机；6—牵引绳；7—滑轮；
8—砝码；9—拉簧；10—浮动支座；11—拉力传感器；12—固定支座；13—底座；14—标定杆

2.2.1 调速和加载

主动电机的直流电源由可控硅整流装置供给，转动电位器可改变可控硅控制角，提供给主动电机电枢不同的端电压，以实现无级调速电机转速。

加载是通过改变发电机激磁电压实现的。逐个按动实验台操作面上的"加载"按钮（即逐个并联发电机负载电阻），使发电机激磁电压加大，电枢电流增大，随之电磁转矩增大。由于电动机与发电机产生相反的电磁转矩，发电机的电磁转矩对电动机而言，即为负载转矩。所以改变发电机的激磁电压，也就实现了负载的改变。

2.2.2　皮带的张紧

为了张紧皮带，两电机之一安装在滑动轨道上，用钢丝绳、托盘和砝码将其向外拉伸，以张紧皮带。改变砝码的质量，也就改变了带的初拉力 F_0。

2.2.3　转速的测量

两台电机带轮背后的环形槽中分别安装了红外交电传感器测量转速。带轮上开有光栅槽，由交电传感器将其位移信号转换为电脉冲输入单片计算机中计数，计算得到两电机的动态转数值，并由实验台上的 LED 显示器显示。

2.2.4　转矩的测量

接通电源后，电动机的转子与定子磁场相互作用，产生输出转矩 T_1，其反作用转矩是作用在定子上的。其值可通过拉力传感器的拉力 F_1 及杠杆 L_1 算出，同理可计算出发电机的输出转矩 T_2。

主动轮的转矩为 $\qquad\qquad T_1=L_1F_1$（N·m）

从动轮的转矩为 $\qquad\qquad T_2=L_2F_2$（N·m）

2.2.5　带传动的圆周力 F_t、弹性滑动系数 ε 和效率 η

带传动的圆周力为
$$F_t=\frac{2T_1}{D_1} \qquad (2\text{-}1)$$

带传动是利用带轮间的摩擦力来传递动力的。它具有较大的挠性，工作时松紧边的拉力 F_1、F_2 不等，致使带绕入和绕出带轮时的弹性变形量不一致，从而产生弹性滑动。当紧松、紧边拉力差（F_1-F_2）超过带与带轮间的摩擦力时，带就开始打滑。当圆周力 F_t 继续增加时，打滑现象就更加严重。

带传动的滑动程度用滑动率 ε 来表示，其表达式为
$$\varepsilon=\frac{v_1-v_2}{v_1}=\left(1-\frac{D_2n_2}{D_1n_1}\right)\times100\% \qquad (2\text{-}2)$$

式中　v_1、v_2——主动轮、从动轮的圆周速度，m/s；

$\quad\;\;n_1$、n_2——主动轮、从动轮的转速，r/min；

$\quad\;\;D_1$、D_2——主动轮、从动轮的直径，mm。

本实验台的带轮直径 $D_1=D_2=86$mm。

带传动的滑动随工作载荷的增加而增加，此时带处于弹性滑动区；当载荷达到最大有效载荷时，带开始打滑；当载荷增加到最大时，则进入完全打滑区，带处于完全打滑的工作状态。

带传动效率 η 的表达式为
$$\eta=\frac{P_2}{P_1}=\frac{T_2n_2}{T_1n_1}\times100\% \qquad (2\text{-}3)$$

式中　T_1、T_2——输入、输出转矩，N·mm；

n_1、n_2——主动轮、从动轮的转速，r/min。

图 2-2 所示曲线 b 是带传动的效率曲线，即表示带传动效率 η 与有效载荷 T 之间关系的 η-T 曲线。当有效载荷 T 增加时，传动效率 η 逐渐提高；当有效载荷超过 T_0 后，传动效率迅速下降。

带传动最合理的状态，应使有效载荷 T 等于或稍小于临界点 T_0，这时带传动的效率最高，滑动系数 ε=1%～2%，并且还有余力负担短时间的（如起动）过载。

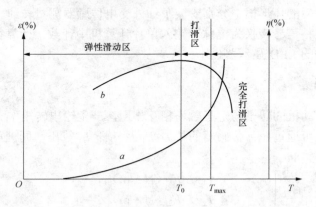

图 2-2   滑动率和效率曲线

2.2.6   操作部分

操作部分主要集中在实验台正面的面板上，面板的布置如图 2-3 所示。

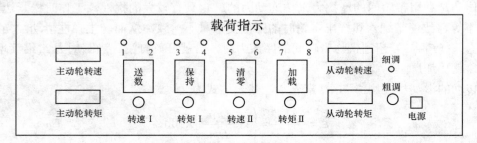

图 2-3   操作面板

2.3   实验机主要技术参数

带轮直径： $D_1=D_2=86$mm
包角： $\alpha_1=\alpha_2=180°$
直流电机功率：   2 台×50W
主动电机调速范围：   0～1800r/min
额定转矩： $T=0.24$N·m=2450g·cm
实验台尺寸：   长×宽×高=600mm×280mm×300mm
电源：   220V 交流/50Hz

2.4 实　验　步　骤

2.4.1 人工记录操作方法

（1）张紧皮带。加砝码使皮带的初拉力 F_0 达到一定的值。

（2）接通电源，清零。

1）在接通电源前，将电机调速电位器逆时针旋转到底（电机转速为 0）。

2）接通电源，按一下"清零"键，此时主、从动电机转速显示为"0"，转矩显示为"."；实验系统处于"自动校零"状态，校零结束后，转速和转矩均显示为"0"。

3）调速。将调速电位器顺时针方向旋转，电机由起动逐渐增速，同时观察实验台面板上主动轮转速显示屏上的转速值，其上的数字即为当时的电机转速。当主动电机转速达到预定转速（本实验建议预定转速为 1000～1300r/min）时，停止转速调节，此时从动电机的转速也将稳定地显示在显示屏上，此时为空载情况，记录主、从动电机的转速与转矩。

（3）加载。

1）按"加载"键一次，第一个加载指示灯亮，待显示基本稳定后（一般 LED 显示器跳动 2、3 次即可达到稳定），按实验台面板上的"保持"键使转速和转矩稳定在当时的显示值不变，记录主、从动轮的转矩及转速值。按任意键可脱离"保持"状态。

2）再按"加载"键一次，第二个加载指示灯亮，待显示稳定后记录主、从动轮的转速及转矩值。

3）重复上述操作，直至 7 个加载指示灯亮，记录 8 组数据。根据这 8 组数据进行必要计算便可作出带传动的滑动率曲线 $\varepsilon\text{-}T_2$ 和效率曲线 $\eta\text{-}T_2$。

（4）结束第一次初拉力实验，关上电机调速旋钮。重复上述步骤，进行第二次初拉力 F_0 的实验。

（5）实验结束：关上电机调速电位器，关上电源。将带传动实验台的砝码等物品整理好。

2.4.2 与计算机接口操作方法

在带传动实验台后板上设有 RS232 串行接口，可通过所附的通信线直接和计算机相连，组成带传动实验系统。其操作步骤如下：

（1）将随机携带的通信线一端接到实验机 RS232 插座，另一端接到计算机串行输出口（串行口 1 号或串行口 2 号均可，但无论连线或拆线时，都应先关闭计算机和实验机电源，以免烧坏接口元件）。

（2）打开计算机，在计算机机械教学综合实验系统主界面上单击"带传动"，如图 2-4 所示，带传动实验系统开始运行，在初始界面见图 2-5，单击"串口选择键"正确选择（COM1 或 COM2）。单击"数据采集"菜单，等待数据输入，如图 2-6 所示。

（3）在接通电源前，将实验台调速旋钮逆时针转到底（电机转速为 0）。打开实验机电源，按"清零"键，几秒钟后，数码显示"0"，自动校零完成。

（4）顺时针转动调速旋钮，使主动转速稳定在工作转速（一般取 1000～1300r/min），按"加载"键，待转速稳定后（一般需 2、3 个显示周期）。再按"加载"键，重复此步骤，

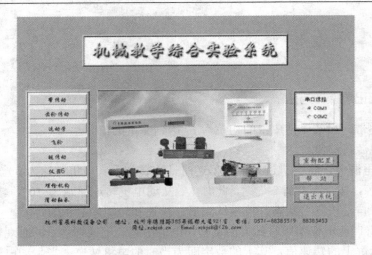

图 2-4　机械教学综合实验系统主界面

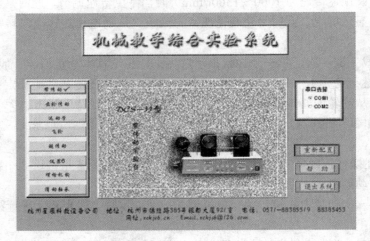

图 2-5　带传动实验系统初始界面

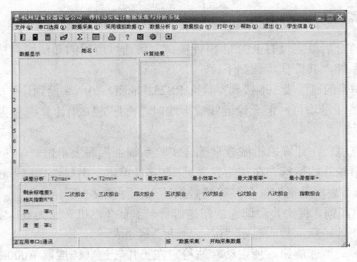

图 2-6　带传动实验台主窗体

直到实验机面板上的 8 个指示灯全亮为止。此时，实验台面板上四组数码管全部显示"8888"，表明所采数据已经全部送至计算机。

（5）当实验机全部显示"8888"时，计算机屏幕将显示所采集的全部八组主、从动轮的转速和转矩。此时应将电机调速旋钮逆时针转到底，使开关断开。

（6）移动鼠标，选择"数据分析"功能，屏幕将显示本次实验的曲线和数据，如图 2-7 所示。

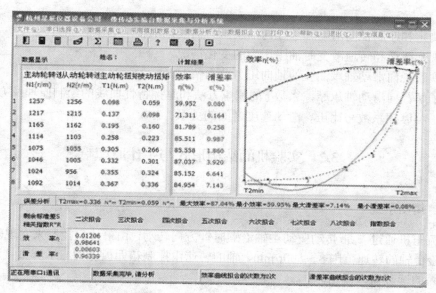

图 2-7　实验结果示例

（7）如果在此次采集过程中采集的数据有问题，或者采集不到数据，可单击串口选择下拉菜单，选择较高级的机型，或者选择另一端口。

（8）移动鼠标至"打印"功能，打印机将打印实验曲线和数据。

（9）实验过程中如需调出本次数据，只需将鼠标单击"数据采集"功能，然后按下实验台上的"送数"键，数据即被送至计算机。可用步骤（6）～（8）进行显示和打印。

（10）一次实验结束后如需继续实验，应"关断"粗调速电位器，并按下实验机构的"清零"键，进行"自动校零"。同时将计算机屏幕中的"数据采集"菜单选中，重复步骤（2）～（8）项即可。

（11）实验结束后，将实验台电机调速电位器开关关断，关闭实验机构的电源，用鼠标单击"退出"按钮。

2.5 思 考 题

（1）带传动的弹性滑动与带的初始紧张力有什么关系？

（2）带传动的弹性滑动与带上的有效工作拉力有什么关系？

（3）带传动为什么会发生打滑失效？

（4）针对带传动的打滑失效，可采用哪些技术措施予以改进？

实验 3　液体动压滑动轴承性能

3.1　实　验　目　的

（1）测定和绘制径向滑动轴承径向油膜压力曲线，求轴承的承载能力。
（2）观察载荷和转速改变时油膜压力的变化情况。
（3）观察径向滑动轴承油膜的轴向压力分布情况。
（4）了解径向滑动轴承摩擦系数 f 的测量方法和摩擦特性曲线的绘制原理及方法。
（5）了解摩擦系数与比压、滑动速度之间的关系。

3.2　实验机的结构形式与工作原理

3.2.1　传动系统

由直流电机通过 V 带传动驱动主轴沿顺时针方向转动，由单片机控制来实现轴的无级调速。本实验台轴的转速范围 3～500r/min，轴的转速由控制箱面板上的显示屏直接读出，或由软件界面内的读数窗口读出。

3.2.2　轴与轴瓦

轴的材料为 45 钢，经表面淬火、磨光，由滚动轴承支承在箱体上，轴瓦为铸锡铅青铜，牌号为 ZCuSnPb5Zn5。在轴瓦的一个径向平面内沿半圆周均布开出 7 个小孔（每个小孔沿半圆周相隔 20°），分别与压力传感器相连，用来测量该径向平面内相应点的油膜压力。

3.2.3　加载装置

本实验台采用螺杆加载，转动螺杆即可改变载荷的大小，所加载荷之值通过传感器检测，可直接在测控制箱面板屏上读出。

3.2.4　供油方法

轴转动时，浸在油中的轴将润滑油均匀地涂在轴的表面上，由轴转动时将油均匀地带入轴与轴瓦之间的楔形间隙中，形成油膜压力。

3.2.5　测摩擦力装置

轴转动时，轴对轴瓦产生周向摩擦力 F，其摩擦力矩为 $F \cdot d/2$，使轴瓦翻转，轴瓦上测力压头将力传递至压力传感器，测力传感器的检测值 Q 乘以力臂长 L（测的反力 QL），就可以得到摩擦力矩值，进而可计算出摩擦力 F。

3.3　液体动压滑动轴承实验台技术要求

3.3.1　主要技术参数

（1）HZSB—Ⅲ型液体动压轴承实验台。

直流电动机功率：　　　355W

测速：测速范围　　　3～500r/min

　　　测速精度　　　±1r/min

加载：加载范围　　　0～300kg

　　　误差　　　　　±0.2%

工作条件：环境温度　　−10～50℃

　　　　　相对湿度　　≤80%

轴瓦：轴的直径　　　d=75mm

　　　轴瓦长度　　　b=110mm

测力点与轴瓦中心距离：L=120mm

润滑油的黏度：　　　μ=0.34Pa·s

（2）ZCS—Ⅲ液体动压轴承实验台。

直流电动机功率：　　　355W

测速：测速范围　　　3～500r/min

　　　测速精度　　　±1r/min

加载：加载范围　　　0～1600N

　　　误差　　　　　±0.2%

工作条件：环境温度　　−10～50℃

　　　　　相对湿度　　≤80%

轴瓦：轴的直径　　　d=70mm

　　　轴瓦长度　　　b=125mm

润滑油的黏度：　　　μ=0.34Pa·s

3.3.2　使用方法

（1）开机前的准备。

1）用汽油将油箱清理干净，加入 20 号机油至 1/3 处。

2）加载螺旋杆旋至与负载传感器脱离接触。

3）仔细检查所有数据线与控制箱连接是否接好。

（2）将控制箱通电后，控制箱上显示屏显示两组数码管亮。

（3）慢慢向右调节调速旋钮使电动机在 200～350r/min 运行。

（4）待电动机稳定运行 3～4min 后，即可正常使用。

3.3.3　注意事项

（1）所加负载不允许超过 200kg（或 1600N），以免损坏轴瓦。

（2）电动机调速不允许超过 350r/min，以免溅出机油。

（3）开机前先检查调速电位器的旋向是否处于最小位置即最左边，以免开启电源时电机速度突增造成机油被甩出。

3.3.4 数据显示区

清零——将当前显示数据置零。

锁定——将当前各检测通道的数据值锁定，以便记录。

上翻、下翻——选择通道序号。

3.3.5 数值显示

（1）HZSB—Ⅲ型液体动压轴承实验台。

0——对应为主轴转速显示；

1～8——对应为 8 个油路压力传感器数据显示；

9——显示为轴瓦的翻转力（作用力）；

F——显示螺旋杆施加的外载荷，kg。

（2）ZCS—Ⅲ液体动压轴承实验台。

EP——对应为主轴转速显示；

P1～P7——对应为 7 个油路压力传感器数据显示；

LP——显示轴瓦的力矩，N·m；

HP——显示螺旋杆施加的外载荷，N。

3.4 主要实验量的测量方法

（1）载荷。作用在轴瓦上的载荷为螺旋杆所加的载荷 P。

（2）摩擦系数。由力矩平衡得

$$Fd/2 = QL$$

则 $F = 2LQ/d$，摩擦系数为

$$f = \frac{F}{P} = \frac{2LQ}{dP} \qquad (3-1)$$

（3）油膜压力分布直接由显示窗口读出。

（4）转速由显示窗口读出。

3.5 实 验 步 骤

3.5.1 测量摩擦系数 f

（1）将实验机转速升高到 300r/min，依次记录不加载及加载 30kg（300N）、60kg（600N）、90kg（900N）、120kg（1200N）、150kg（1500N）时的数据。

（2）加载 60kg（600N）的载荷，依次记录转速为 100、150、200、250、300r/min 时的数据。

3.5.2　测油膜压力分布

将实验机转速升高到 300r/min，加载荷为 150kg（1500N），在形成完全液体摩擦状态时，记录压力传感器显示的数值。

3.5.3　停机

停机前先卸载、后减速，再停机，实验结束。

3.6　与计算机接口的操作方法

3.6.1　油膜压力测试实验

1. 连接 RS232 通信线

在实验台及计算机电源关闭状态下，将标准 RS232 通信线分别接入计算机及 ZCS—Ⅲ型液体动压轴承实验台 RS232 串行接口。

2. 启动机械教学综合实验系统

确认 RS232 串行通信线正确连接，开启电脑，单击"轴承实验台Ⅱ"图标，进入机械教学综合实验系统。

3. 油膜压力测试实验

滑动轴承实验系统油膜"压力分布实验"主界面如图 3-1 所示。

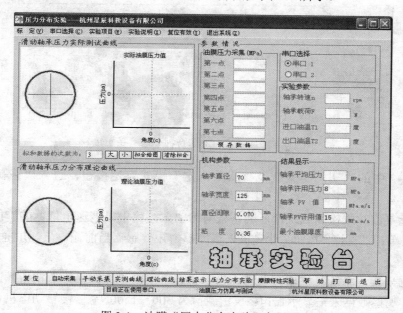

图 3-1　油膜"压力分布实验"主界面

（1）系统复位。放松加载螺杆，确认载荷为空载，将电机调速电位器的旋向处于最小位置即零转速。单击"复位"按钮，计算机采集 7 路油膜压力传感器初始值，并将此值作为"零点"储存。

（2）油膜压力测试。单击"自动采集"按钮，系统进入自动采集状态，计算机实时采集
7 路压力传感器、实验台主轴转速传感器及工作载荷传感器输出电压信号，进行"采样-处理-
显示"。慢慢转动电机调速电位器旋钮启动电机，使电动机在 200～350r/min 运行。

旋动加载螺杆，观察主界面中轴承载荷显示值，当达到预定值后即可停止调整。观察 7
路油膜压力显示值，待压力值基本稳定后单击"提取数据"按钮，自动采集结束。主界面上
即保存了相关实验数据。

（3）自动绘制滑动轴承油膜压力分布曲线。单击"实测曲线"按钮，自动绘制滑动轴承
实测油膜压力分布曲线。单击"理论曲线"按钮，显示理论计算油膜压力分布曲线。

3.6.2　摩擦特性测试实验

1. 载荷固定，改变转速

（1）确定实验模式。打开轴承实验主界面，单击"摩擦特性实验"按钮，进入"摩擦特
性实验"主界面，如图 3-2 所示。

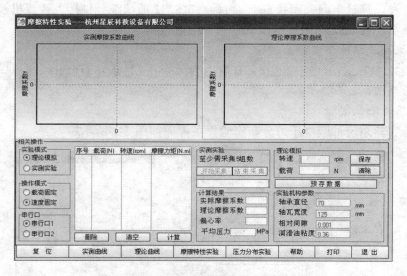

图 3-2　滑动轴承"摩擦特性实验"主界面

单击图 3-2 中的"实测实验"及"载荷固定"模式设定按钮，进入"载荷固定"实验
模式。

（2）系统复位。放松加载螺杆，确认载荷为空载，将电机调速电位器的旋向处于最小位
置即零转速。单击"复位"按钮，计算机采集摩擦力矩传感器当前输出值，并将此值作为"零
点"保存。

（3）数据采集。系统复位后，在转速为零状态下单击"数据采集"按钮，慢慢旋转实验
台加载螺杆，观察数据采集显示窗口，设定载荷为 300～1500N。慢慢转动电机调速电位器旋
钮并观察数据采集窗口，此时轴瓦与轴处于边界润滑状态，摩擦力矩会出现较大的增加值，
由于边界润滑状态不会非常稳定，应及时单击"数据保存"按钮将这些数据保存（一般 2～3
个点即可）。

随着主轴转速增加机油将进入轴与轴瓦之间进入混合摩擦。此时 $\mu n/p'$ 的改变引起摩擦系数 f 的急剧变化，在刚形成液体摩擦时，摩擦系数 f 达到最小值。

继续增加主轴转速进入液体摩擦阶段，随着 $\mu n/p'$ 的增大即 n 增加，油膜厚度及摩擦系数 f 也呈线形增加，保存 8 个左右采样点，单击"结束采集"按钮完成数据采集。

（4）绘制测试曲线。单击"实测曲线"按钮，系统根据所测数据自动显示 $f\text{--}n$ 曲线，也可由学生抄录测试数据手工描绘实验曲线。单击"理论曲线"按钮，系统按理论计算公式计算并显示 $f\text{--}n$ 曲线。单击"打印"按钮，可将所测试数据及曲线自动打印输出。

2．转速固定，改变载荷

（1）确定实验模式。操作同载荷固定，改变转速模式一节，并在图 3-2 中设定为"转速固定"实验模式。

（2）系统复位。同前述操作。

（3）数据采集。单击"数据采集"按钮，在轴承径向载荷为零状态下，慢慢转动调速电位器旋钮，观察数据采集显示窗口，设定转速为某一确定值，例如 300r/min，单击"数据保存"按钮得到第一组数据。

单击"数据采集"按钮，慢慢旋转加载螺杆并观察采集显示窗口。当载荷达到预定值时，单击"数据保存"按钮得到第二组数据。

重复上述操作，直至采集 8 组数据，单击"结束采集"按钮，完成数据采集。

（4）绘制测试曲线。方法同上节，可显示或打印输出实测 $f\text{--}F$ 曲线及理论 $f\text{--}F$ 曲线。同样也可由学生手工绘制。

3.6.3　轴承实验台软件说明

本软件界面有两个主窗体：油膜压力仿真与测试窗体（见图 3-3）和摩擦特性仿真与测试窗体（见图 3-4）。

注：图中数据仅为参考值，不代表实验数据。

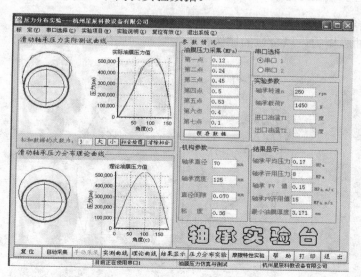

图 3-3　油膜压力仿真与测试

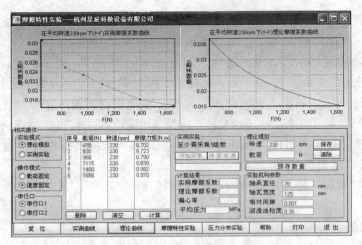

图 3-4　摩擦特性仿真与测试

3.7　数　据　处　理

3.7.1　摩擦系数计算

滑动轴承的特性系数λ是润滑油的黏度μ、轴的转速 n、轴承比压 p′的函数，$λ=μn/p′$，称λ为滑动轴承的特性系数。其最小值是液体摩擦和非液体摩擦的区分点。其中，μ为黏度，Pa·s；n 为轴的转速，r/min；p′为比压，$p'=\dfrac{P}{db}$，MPa。

计算出不同比压及转速下的摩擦系数 f，在纸上以λ为横坐标，f 为纵坐标，绘出 f-λ曲线。其最小值是液体摩擦和非液体摩擦的区分点。

3.7.2　油膜的承载能力分析

1．绘制油压分布曲线

根据测得的油膜压力，以合适的比例在纸上绘制油膜压力分布曲线图，如图 3-5 所示。

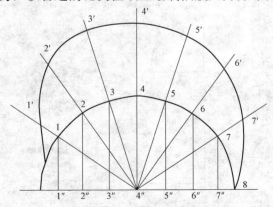

图 3-5　油膜压力分布曲线

具体画法：沿着圆周表面从左到右画出角度为 30°、50°、70°、90°、110°、130°、150°，分别得出有孔点 1～7 的位置。通过这些点与圆心连线，在各连线的延长线上，将油压传感器

（比例 0.1MPa=5mm 或比例自选）测出的压力值画出压力线 1—1'、2—2'、…、7—7'。将 1'、2'、…、7'各点连成圆滑曲线，该曲线就是所测轴承的一个径向截面的油膜径向压力分布曲线。

2. 求油膜承载能力

根据油压分布曲线，在纸上绘制油膜承载能力曲线。

将图 3-5 的 1、2、…、7 各点在水平轴上的投影定为 1"、2"、…、7"。在图 3-6 上用与图 3-5 相同的比例尺，画出直径线 0～8，在其上画出 1"、2"、…、7"各点，其位置与图 3-5 完全相同。

在直径线 0～8 垂直方向上，画出压力向量 1"—1'、2"—2'、…、7"—7'，使其分别等于图 3-5 中的 1—1'、2—2'…7—7'，将 1'、2'、…、7'连成圆滑曲线。

用数格法计算出曲线所围成的面积。以 0～8 线为底边作一矩形，使面积与曲线所围成面积相等。其高 P_m 即为轴瓦中间界面处的径向平均比压。

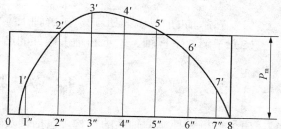

图 3-6 油膜承载能力曲线

将 P_m 乘以轴承长度和轴的直径，即可得到不考虑两端泄漏的无限宽轴承的油膜承载能力。但是，由于两端泄漏的影响，在轴承两端处比压为零，如果轴与轴瓦沿轴向间隙相等，则其比压沿轴向呈抛物线分布，如图 3-7 所示。

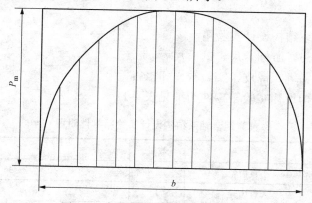

图 3-7 有限宽轴承的油膜承载能力

可以证明，抛物线下面积与矩形面积之比 $K = \dfrac{2}{3}$，K 为轴承沿轴向比压分布不均匀系数，则油膜承载能力 $P'' = KP_m db$。

3.8 思 考 题

（1）哪些因素影响液体动压轴承的承载能力及油膜的形成？形成动压油膜的必要条件是什么？

（2）当轴转速增加或载荷增大时，油膜压力分布曲线的变化如何？

（3）f–λ 曲线说明什么？试解释当 λ 增加时，为什么在非液体摩擦区和液体摩擦区 f 会随之下降和增大。

实验 4 轴系结构分析与设计

4.1 实 验 目 的

（1）熟悉轴的主要结构形式，了解轴上零件在轴向和周向的定位、固定及调整方式。

（2）了解并掌握轴、轴承和轴上零件的结构与功用、装配关系及工艺要求。

4.2 实 验 要 求

（1）分析一种典型轴系的结构，包括轴及轴上零件的各部形状及功用，轴承类型，安装、固定和调整方式，润滑及密封装置类型和结构特点。

（2）测量一种轴系的各部结构尺寸，并绘出轴系结构装配图，标注必要的尺寸及配合，并列出标题栏及明细表。

4.3 实 验 设 备 及 工 具

（1）创意组合轴系结构设计实验箱。

（2）扳手、螺丝刀、游标卡尺、钢板尺等。

（3）绘图用纸、铅笔、橡皮、实验教程和报告。

创意组合轴系结构设计实验箱零件明细见表 4-1。

表 4-1　　　　　　　　　　创意组合轴系结构设计实验箱零件明细　　　　　　　　　　mm

类别	序号	名　称	数量	备　　注
一、齿轮类	1	小直齿轮	1	$m=3$，$z=17$
	2	大直齿轮	1	$m=3$，$z=32$
	3	大斜齿轮	1	$m_n=3$，$z=32$
	4	小斜齿轮	1	$m_n=3$，$z=17$
	5	小锥齿轮	1	$m=3$，$z=17$
	6	大锥齿轮	1	$m=3$，$z=32$
二、齿轴类	7	蜗杆	1	$m_x=3$，$z=1$
	8	直齿轮轴	1	$m=3$，$z=17$
	9	斜齿轮轴	1	$m_n=3$，$z=17$
三、轴类	10	轴	1	总长 $L=232.5$
	11	中间轴	1	总长 $L=156$
	12	轴 I	1	总长 $L=232.5$
	13	锥齿轮轴	1	总长 $L=160$

续表

类别	序号	名　称	数量	备　注
三、轴类	14	锥齿轮轴 I	1	总长 $L=168$
	15	轴 II	1	总长 $L=281$
	16	轴 III	1	总长 $L=205.5$
四、垫类	17	密封垫	6	厚 $\delta=1$
	18	调整垫	4	厚 $\delta=1$，外径 $\phi52$
	19	调整垫 I	4	厚 $\delta=2$，外径 $\phi52$
	20	调整垫 II	各 2	厚 $\delta=0.5$、1.0 外径×内径=$\phi85\times\phi52.5$
	21	调整垫 III	各 2	厚 $\delta=0.5$、1.0 外径×内径=$\phi85\times\phi62.5$
	22	调整版	各 2	厚 $\delta=1.0$、2.0 长×宽=106×47
五、盖类	23	轴承透盖	2	外径 $\phi76$
	24	轴承闷盖	2	外径 $\phi76$
	25	轴承透盖 I	1	外径 $\phi76$
	26	嵌入式闷盖	2	外径 $\phi57$
	27	嵌入式透盖	2	外径×内径=$\phi57\times\phi23.5$
	28	嵌入式透盖 I	2	外径×内径=$\phi57\times\phi32.5$
	29	轴承透盖 II	2	外径 $\phi86$
	30	轴承透盖 III	1	外径 $\phi76$
	31	轴承透盖 IV	1	与毡圈压盖配套使用
	32	毡圈压盖	1	
	33	套杯 II 盖	1	
	34	外调整轴承盖	1	
六、套挡圈类	35	轴套	1	外径×内径×厚=$\phi31\times\phi22\times42$
	36	轴端挡圈	2	
	37	轴间挡圈	2	
	38	轴套 I	2	外径×内径×厚=$\phi31\times\phi25.5\times24$
	39	轴套 II	2	外径×内径×厚=$\phi31\times\phi25.5\times30$
	40	轴承定位圈	2	
	41	轴承隔套	2	外径×内径×厚=$\phi31\times\phi25\times2.8$
	42	套环	1	
	43	锥齿轮衬套	2	外径×内径×厚=$\phi31\times\phi15\times10$
	44	轴承挡圈 I	1	
	45	轴承挡圈 II	1	
	46	套环 I	1	
	47	套环 II	1	

类别	序号	名　　称	数量	备　　注
六、套挡圈类	48	过渡套	2	外径×内径×厚=$\phi 20 \times \phi 16 \times 17$
	49	过渡板	2	外径×内径×厚=$\phi 31 \times \phi 16 \times 3$
	50	调整轴承圈	1	
	51	轴套Ⅲ	2	外径×内径×厚=$\phi 31 \times \phi 25.5 \times 30$
	52	轴套Ⅳ	2	外径×内径×厚=$\phi 31 \times \phi 25.5 \times 7.4$
七、支座类	53	轴承座上盖	2	
	54	轴承座下盖	2	
	55	双轴承座上盖	2	
	56	双轴承座下盖	2	
	57	双轴承座Ⅰ上盖	2	
	58	双轴承座Ⅰ下盖	2	
八、其他类	59	圆螺母	2	M24×1
	60	圆螺母Ⅰ	1	M16×1
	61	密封板	2	
	62	甩油环	2	
	63	底板	2	
	64	T形槽用螺母	8	
九、标准件	65	键 8×L	各2	L=22.5、37.5
	66	键 C8×22	2	
	67	轴承 6205	2	球轴承
	68	轴承 80205	2	球轴承
	69	轴承 30205	2	圆锥滚子轴承
	70	轴承 51204	2	单向推力球轴承
	71	轴承 1205	2	圆柱孔调心轴承
	72	螺栓 M6×25	10	六角头螺栓
	73	螺栓 M6×20	20	六角头螺栓
	74	螺栓 M8×25	10	六角头螺栓
	75	螺钉 M10×30	2	内六角平端紧定螺钉
	76	螺钉 M3×8	10	开槽锥端紧定螺钉
	77	螺钉 M3×5	10	十字槽盘头螺钉
	78	螺钉 M3×6	6	
	79	螺钉 M5×12	4	十字槽沉头螺钉
	80	螺钉 M6×10	4	
	81	垫圈 6	20	弹簧垫圈
	82	垫圈 6	20	平垫圈

续表

类别	序号	名　称	数量	备　注
九、标准件	83	垫圈 8	10	平垫圈
	84	垫圈 10	2	
	85	垫圈 3	6	小平垫圈
	86	毡圈 22	6	羊毛毡
	87	毡圈 30	4	
	88	油封 PD22×40×10	2	骨架橡胶油封
	89	挡圈 52	4	B 型孔用弹性挡圈
	90	挡圈 22	4	B 型轴用弹性挡圈
	91	螺母 M10	2	六角薄螺母

4.4　设计方案选择及部分装配图

可选用的设计方案见表 4-2。

表 4-2　　　　　　设 计 方 案

设 计 方 案	设 计 方 案
1. 单-球组合	17. 单-球-垫-压密组合
2. 单-球-垫组合	18. 单-球-双-平推-垫-轴-齿组合
3. 单-球-环组合	19. 单-推-垫-外调组合
4. 单-球-嵌组合	20. 单-推-轴-蜗组合
5. 单-球-嵌-套组合	21. 单-球调-垫组合
6. 单-推-垫组合	22. 单-球-轴挡组合
7. 单-球-盖-嵌-套组合	23. 单-球-垫-轴挡-嵌组合
8. 单-推-盖-嵌-套组合	24. 单-球-垫-轴挡组合
9. 单-推-垫组合	25. 单-球-垫-中轴-齿组合
10. 单-球-垫-轴-齿组合	26. 单-调心-垫-中轴-齿组合
11. 单-推-垫-轴-齿组合	27. 单-球-垫-中轴-齿-闷组合
12. 单-推-垫-中轴-齿组合	28. 单-球-垫-中轴-齿-闷-密组合
13. 单-球-双-推-垫-轴-齿组合	29. 单-背推-垫组合
14. 套-双-推-垫-轴-锥组合	30. 单-球-双-背推-垫-轴-齿组合
15. 套-双-推-垫-轴-锥-锁组合	31. 单-调心-双-背推-垫-轴-齿组合
16. 单-球-垫-密组合	

表 4-2 所示组合说明：

（1）所有的深沟球轴承 60000（油润滑）支承方式均可变换成深沟球轴承 80000（脂润滑）支承方式。

（2）密封方式可变换。

（3）在油润滑的情况下可加装密封板和甩油环。

（4）内、外圈可采用挡圈定位。

应用举例见图 4-1～图 4-5。

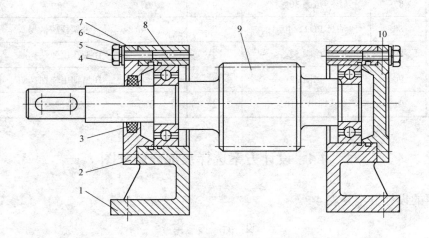

图 4-1　单-球组合

1—轴承座；2—轴承透盖；3—毡圈 22（羊毛毡）；4—螺栓 M6×20（六角头螺栓）；5—垫圈 6（标准形弹簧垫）；

6—垫圈 6（平垫）；7—石棉密封垫；8—轴承 6205（深沟球轴承）；9—直齿轮轴；10—轴承闷盖

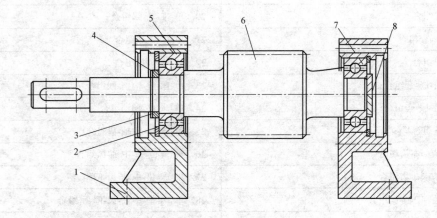

图 4-2　单-球-环组合

1—轴承座；2—挡圈 52（B 型孔用弹性挡圈）；3—轴间挡圈；4—挡圈 22（B 型轴用弹性挡圈）；

5—轴承 6205（深沟球轴承）；6—直齿轮轴；7—轴端挡圈；8—螺栓 M6×10（十字槽沉头螺钉）

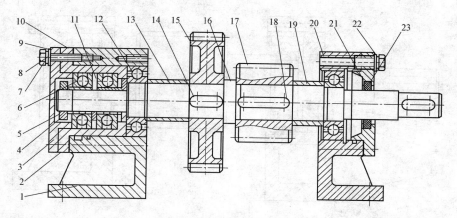

图 4-3　单-球-双-平推-垫-轴-齿组合

1—双轴承座；2—套杯Ⅱ；3—套杯Ⅱ盖；4—过渡套；5—圆螺母Ⅰ；6—轴承 8204（单向推力轴承）；

7—螺栓 M6×25（六角头螺栓）；8—垫圈 6（标准形弹簧垫）；9—垫圈 6（平垫）；10—石棉密封垫；11—过渡板；

12—轴承 6205（深沟球轴承）；13—轴套Ⅰ；14—键；15—大斜齿轮；16—轴Ⅱ；17—小直齿轮；18—键Ⅰ；19—轴套；

20—轴承座；21—轴承透盖；22—螺栓 M6×20（六角头螺栓）；23—毡圈（羊毛毡）

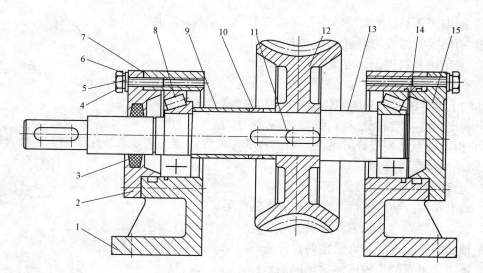

图 4-4　单-推-轴-蜗组合

1—轴承座；2—轴承透盖；3—毡圈 22（羊毛毡）；4—螺栓 M6×20（六角头螺栓）；5—垫圈 6（标准形弹簧垫）；

6—垫圈 6（平垫）；7—石棉密封垫；8—轴承 30205（圆锥滚子轴承）；9—轴套Ⅲ；10—轴套Ⅱ；11—键；

12—蜗轮；13—轴Ⅲ；14—调整垫；15—轴承闷盖

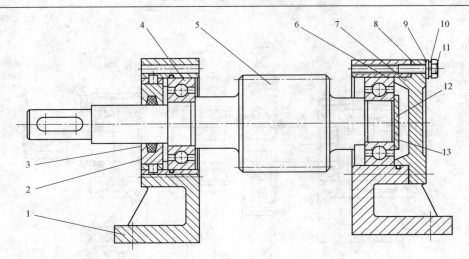

图 4-5　单-球-垫-轴挡-嵌组合

1—轴承座；2—嵌入式透盖；3—毡圈22（羊毛毡）；4—轴承6205（深沟球轴承）；5—直齿轮轴；6—调整垫；

7—轴承闷盖；8—石棉密封垫；9—垫圈6（平垫）；10—垫圈6（标准形弹簧垫）；11—螺栓 M6×20（六角头螺栓）；

12—螺钉 M6×10（十字槽沉头螺钉）；13—轴端挡圈

4.5 实 验 步 骤

（1）根据表 4-1 熟悉实验箱内各零部件名称及型号，了解其用途。

（2）明确实验内容，理解设计要求。

（3）确定轴系结构设计方案图。

1）根据轴系结构设计方案选择滚动轴承型号、固定方式、端盖形式。

2）轴上零件的定位和固定，轴承间隙调整等问题。

3）确定润滑（脂润滑或油润滑）和密封方式。

（4）根据轴系结构设计方案图，将选择的零部件，按工艺要求装配到轴上。检查所设计装配的轴系结构是否合理。

（5）合理的轴系结构应满足下述要求：

1）轴上零件拆装方便性，轴的加工工艺性等。

2）轴上零件固定（轴向、周向）可靠。

3）轴承固定方式应符合给定的设计条件，轴承间隙调整方便。

4）锥齿轮轴系的位置应能做轴向调整。

因条件限制，本实验忽略过盈配合的松紧程度、轴肩过渡圆角等问题。

（6）轴系测绘。

1）测绘轴的各段直径、长度及各零件的尺寸。

2）确定滚动轴承、螺纹连接件、键、密封件等标准件的尺寸。

（7）绘轴系结构装配图。

1）测量轴系上各零部件的尺寸，对照轴系实物绘出轴系结构装配图。

2）比例要求适当（一般按 1:1），结构清楚，装配关系正确，符合机械制图的规定。

3）在图纸上标注必要的尺寸，主要有两支承间的跨距、主要零件的配合尺寸等。

4）对各零件进行编号，并填写标题栏及明细表（按照机械制图的要求填写）。

（8）拆卸轴系，将各零部件放回实验箱内，排放整齐，工具放回原处。

4.6　注　意　事　项

（1）该零件全部采用铝合金制作，在使用时不得任意敲打，以免伤害表面影响使用。

（2）爱惜零件，不得丢失，每项零件只能单独装箱存放，不得与其他箱内零件混杂在一起，不便于下次实验使用。

（3）每套实验箱配备有说明书和装配图，图纸需爱惜使用不得弄脏、损坏和丢失，实验完成后将说明书存放在箱中。

4.7　思　考　题

（1）轴系固定方式是用两端固定，还是一端固定一端游动或两端游动？为什么？如何考虑轴的受热伸长问题？

（2）两端游动的支承方式仅应用于什么工作条件？

（3）锥齿轮传动结构有几种支承方式？

（4）轴承和轴上零件在轴上的轴向位置是如何固定的？轴系中是否采用了卡圈、挡圈、锁紧螺母、紧定螺钉、压板、定位套等零件，它们的作用是什么？结构形状有何特点？

（5）轴承间隙是如何调整的？调整方式有何特点？

（6）如何调整轴系中圆锥齿轮副和蜗杆副的啮合位置，以保证传动良好？

实验 5 减速器拆装与结构分析

5.1 概   述

减速器是指原动机与工作机之间独立的闭式传动装置,用来降低转速和相应地增大转矩。减速器的种类很多,大致可分为以下几种:①齿轮减速器,主要有圆柱齿轮减速器、圆锥齿轮减速器和圆锥-圆柱齿轮减速器;②蜗杆减速器,主要有圆柱蜗杆减速器、圆弧旋转面蜗杆减速器、锥蜗杆减速器、蜗杆-齿轮减速器;③行星减速器,主要有渐开线行星齿轮减速器、摆线针轮减速器和谐波齿轮减速器。图 5-1 所示为常用单级圆柱齿轮减速器。

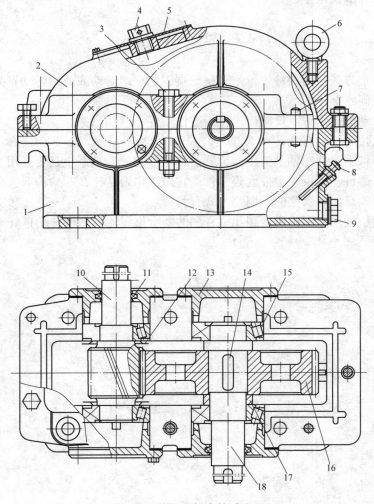

图 5-1 单级圆柱齿轮减速器

1—箱座;2—箱盖;3—箱盖箱座连接螺栓;4—通气器;5—观察孔盖板;6—吊环螺钉;7—定位销;8—油标尺;9—放油螺塞;10—齿轮轴;11—油封;12—挡油盘;13—轴承端盖;14—平键;15—轴承;16—齿轮;17—轴套;18—轴

　　如图 5-1 所示，减速器基本机构是由箱体、通用零部件（如传动件、支承件和连接件）及附件组成。在减速器中，箱体是用以支承和固定轴系部件，保证传动件的啮合精度、良好的润滑和密封的重要零件。为了保证轴承座的刚度，使轴承座有足够的壁厚，并在轴承座附近加支撑筋。为了提高轴承座处的连接刚度，座孔两侧的连接螺栓应尽量靠近（以不与端盖螺钉孔干涉为原则），为此轴承座孔附近应做凸台，同时还有利于提高轴承座刚度。箱体分剖分式和整体式，为方便减速器的轴系零部件拆装多采用剖分式。

　　轴系零部件，主要包括传动件直、斜、锥齿轮、蜗杆等，支承件轴、轴承及轴向和周向固定件轴肩、套筒、轴端挡圈、轴承端盖、键、挡油圈等。

　　减速器的传动件的润滑大多采用油润滑，其润滑方式多采用浸油润滑，对于高速传动则采用压力喷油润滑。滚动轴承的润滑可采用油润滑和油脂润滑。当浸油齿轮的圆周速度 $v<2\text{m/s}$ 时，齿轮不能有效地将油飞溅到箱壁上，故采用脂润滑；当浸油齿轮的圆周速度 $v\geq 2\text{m/s}$ 时，齿轮能将较多油飞溅到箱壁上，故采用油润滑。

　　减速器轴伸出端密封为毡圈和密封圈密封，为防止轴承处的油流出和污物、灰尘、水分等杂物进入轴承。箱体结合面密封常用在结合面上涂密封胶和水玻璃。为提供结合面密封性，在箱座的结合面上开有导油沟如图 5-2 所示，使进入结合面的润滑油流入箱体内。轴承靠箱体内侧的密封主要是挡油环和封油环。

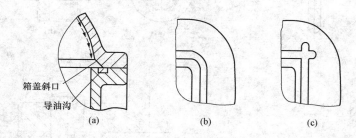

图 5-2　导油沟的布置和形式

　　减速器的附件主要作用是检查传动件的啮合情况、注油、排油、指示油面、通气和装卸吊运等。

　　（1）观察孔盖板和观察孔。如图 5-3 所示，观察孔主要用于检查传动件的啮合情况、润滑状况、接触斑点、齿侧间隙及注入润滑油。

　　（2）放油螺塞。如图 5-4 所示，用于放出污油。

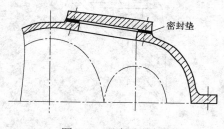

图 5-3　观察孔盖板

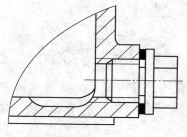

图 5-4　放油螺塞

（3）油标。如图 5-5 所示，用于检查油面高度，因此常在便于观察油面及油面稳定之处装有油标。

（4）通气器。如图 5-6 所示，减速器运转时，机体内温度升高，气压增大，对减速器密封极为不利，所以多在箱盖顶部或观察孔上安装通气器，使机体内热涨气体自由逸出，以保证机体内外压力均衡，提高机体有缝隙的密封性能。

（5）起盖螺钉。如图 5-7 所示，用于开启箱盖。

（6）定位销。如图 5-8 所示，为了保证轴承座孔的装配精度，在机体连接凸缘的长度方向两端各安置一个圆锥定位销，两销相距尽量远些，以提高定位精度。

（7）起吊装置。如图 5-9 所示，用于搬运及拆卸。

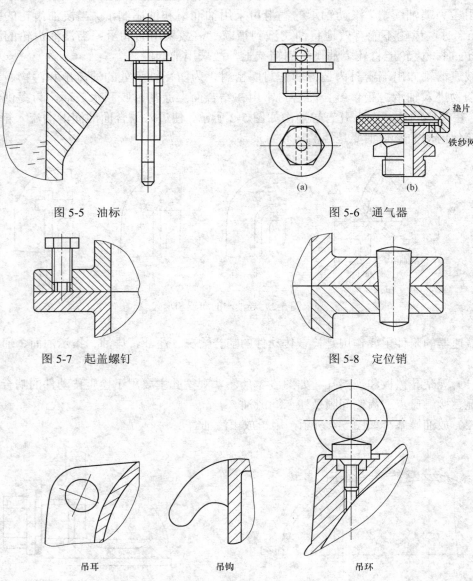

图 5-5　油标　　　　　　　　　　　　　图 5-6　通气器

图 5-7　起盖螺钉　　　　　　　　　　　图 5-8　定位销

图 5-9　起吊装置

5.2　实　验　目　的

（1）熟悉、了解减速器的结构，了解减速器中各零部件作用，结构形状及装配关系。
（2）加深对轴系部件结构的理解。
（3）了解减速器装配的基本要求。

5.3　实验设备和用具

（1）减速器。
（2）拆装用的工具一套。
（3）钢板尺和游标卡尺。
（4）画图用纸、铅笔、橡皮、三角板（学生自备）。

5.4　实　验　步　骤

（1）在打开减速器之前，先对减速器外形进行观察：
1）如何保证箱体支承具有足够的刚度？
2）轴承座两侧的上、下箱体连接螺栓应如何布置？
3）支承该螺栓的凸台高度应如何确定？
4）如何减轻箱体的质量和减小箱体的加工面积？
5）减速器的附件如吊钩、定位销、起盖螺钉、油标、油塞、观察孔、通气器等各起何作用？其结构如何？应如何合理布置？
（2）按下列顺序打开减速器，取下的零件要注意按次序放好。配套的螺钉、螺母、垫圈应套在一起，以免丢失。在拆装时要注意安全，避免压伤手指。
1）取下轴承盖（指端盖式轴承盖）。
2）取下定位销钉。
3）取下箱体上、下各连接螺栓。
4）用起盖螺钉顶起箱盖。
5）取下上箱盖。
（3）观察减速器内部结构情况：
1）所用轴承类型，轴和轴承是如何布置的？
2）各传动轴轴向安装与定位方式？
3）对轴向游隙可调的轴承应如何进行调整？
4）轴承是如何进行润滑的？
5）若箱座的剖分面上有油沟，则箱盖应采取怎样的相应结构才能使箱盖上的油进入油沟？
6）伸出轴是怎样密封的？轴承是否有内密封？
（4）从减速器上取出轴，并依次取下轴上的各零件，并按取下次序依次放好。

　　1）了解轴上各零件的装卸次序。

　　2）了解轴上零件的周向固定和轴向固定方式。

　　3）了解轴的结构，注意下列各名词各指轴上的哪一部分，各有何功用：轴颈、轴肩、轴肩圆角、轴环、键槽、螺纹、退刀槽、配合面和非配合面。

　　4）测量有关实验尺寸，并记录下来。

　　5）绘制轴及轴上零件的装配图。

　　（5）按下列次序装好减速器：

　　1）把轴上零件依次装回。

　　2）把轴装回减速器。

　　3）盖好箱盖，装上定位销。

　　4）装回轴承盖。

　　5）拧上连接螺栓。

　　6）用手转动输入轴，观察减速器转动是否灵活，若有故障应加以排除。

5.5 思 考 题

　　（1）本减速器装有哪些附件？是什么类型？各有什么功用？

　　（2）本减速器的润滑密封是如何考虑的？

　　（3）本减速器的轴与轴承的轴向定位和轴向间隙的调整是如何考虑的？

　　（4）原减速器的设计在哪些地方不尽合理？请指正？

机械设计实验报告

班　级 _____

学　号 _____

姓　名 _____

实验 1　机械零件认识实验报告

（1）常用螺纹有哪些类型？各有什么用途？

（2）键的作用是什么？键连接的类型有哪些？

（3）按照工作原理的不同，带传动类型有哪些？V 带传动常见的张紧装置有哪些？

（4）齿轮传动的类型有哪些？应用于什么场合？

（5）在机械传动中，带、链、齿轮和蜗杆传动的失效形式是什么？

（6）叙述滑动轴承的主要结构形式，常用的轴承材料，以及对滑动轴承材料的要求。

（7）试述滚动轴承代号和含义。说明下列轴承代号的意义：6308、7214C/P4、6308/P4、7211C、30213。

（8）在选择联轴器时应考虑哪些因素？对离合器的基本要求是什么？

（9）轴上的零件在轴向和周向是如何定位的？轴的结构工艺性是什么？

（10）弹簧的功用是什么？圆柱螺旋弹簧有哪些几何参数？

实验 2　带传动的滑动与效率测定实验报告

（1）第一次初拉力 F_0=＿＿＿＿N 时的实验结果：

序号	实验测定数据				计算数据	
	n_1（r/min）	n_2（r/min）	T_1（N·m）	T_2（N·m）	ε（%）	η（%）
空载						
1						
2						
3						
4						
5						
6						
7						
8						

（2）第二次初拉力 F_0=＿＿＿＿N 时的实验结果：

序号	实验测定数据				计算数据	
	n_1（r/min）	n_2（r/min）	T_1（N·m）	T_2（N·m）	ε（%）	η（%）
空载						
1						
2						
3						
4						
5						
6						
7						
8						

（3）滑动率和效率曲线。

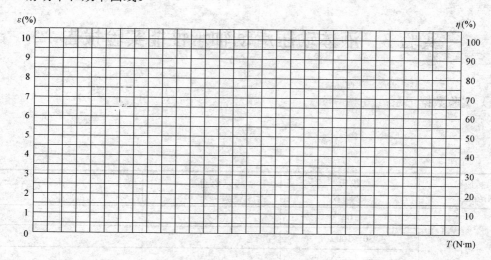

实验 3　液体动压滑动轴承性能实验报告

（1）实验数据记录：

转速 （r/min）	载荷 （kg 或 N）	Q（或 QL） （kg 或 N·m）	f	λ
300	0			
	30（300）			
	60（600）			
	90（900）			
	120（1200）			
	150（1500）			
100	60（600）			
150				
200				
250				
300				

油膜压力　　转速 300r/min　　　　载荷 150kg（或 1500N）

传感器编号	1	2	3	4	5	6	7	8
压力（MPa）								

（2）绘制摩擦系数 f 与轴承特性系数 λ 变化曲线。
（①固定转速，改变载荷；②固定载荷，改变转速）

（3）绘制油膜压力分布曲线。

（4）绘制油膜承载能力曲线。

实验 4　轴系结构分析与设计实验报告

绘制轴系结构装配图，标注必要的尺寸及配合，并列出标题栏及明细表。

实验 5　减速器拆装与结构分析实验报告

（1）减速器名称：

（2）测量数据：

名　　　称		数　　　据
齿轮齿数	z_1	
	z_2	
	z_3	
	z_4	
齿轮宽度	B_1	
	B_2	
	B_3	
	B_4	
计算传动比		
轴承旁连接螺栓直径		
箱盖与箱座连接螺栓直径		
轴承端盖螺钉直径		
观察孔盖板螺钉直径		
箱座壁厚		
箱盖壁厚		
箱座凸缘厚度		
箱盖凸缘厚度		
箱座底凸缘厚度		
中心距	a_1	
	a_2	
轴承端盖外径	d_1	
	d_2	
	d_3	
箱盖体筋厚		
箱座体筋厚		
大齿轮顶圆与箱体内壁距离		
齿轮端面与箱体内壁最小距离		

（3）绘制减速器布置简图。

（4）绘制轴及轴上的零件装配图。

参 考 文 献

[1] 陈修龙,齐秀丽. 机械设计基础. 2 版. 北京:中国电力出版社,2017.

[2] 傅燕鸣. 机械原理与机械设计课程实验指导. 2 版. 上海:上海科学技术出版社,2017.

[3] 沈艳芝. 机械设计基础实验教程. 武汉:华中科技大学出版社,2011.

[4] 濮良贵,纪名刚. 9 版. 机械设计. 北京:高等教育出版社,2013.

[5] 王笑竹,霍仕武. 机械设计. 北京:北京理工大学出版社,2017.

[6] 孔凌嘉. 机械设计. 3 版. 北京:北京理工大学出版社,2018.

[7] 高晓丁. 机械设计基础. 2 版. 北京:中国纺织出版社,2017.

[8] 田万禄. 机械设计基础. 北京:北京理工大学出版社,2017.

[9] 郭平. 机械设计基础. 北京:北京理工大学出版社,2017.